国家自然科学基金项目·管理科学与工程系列丛书

技术标准联盟的组织与治理

李 薇 著

国家自然科学基金青年项目（编号：71202035）资助

科学出版社

北 京

内 容 简 介

　　本书是笔者在其所承担相关课题的研究成果基础上整合而成的,对技术标准联盟的本质、组织与运行方式以及伙伴关系治理三方面内容做出系统研究与探索性扩展。本书提出,技术标准联盟的本质是一种联盟组合（也是一种联盟网络）,其组织与运行方式依赖于联盟标准发起主体的属性与特征,而结盟之后的联盟治理则需要依据特定的伙伴类型与关系进行有效抉择。本书首次从联盟组合的角度来认识技术标准联盟,并以此为线索对技术标准联盟进行系统研究。

　　本书对战略联盟领域的研究人员、博士或硕士研究生,尤其是从事技术标准联盟专题研究的学者,以及在企业和政府从事相关管理工作的实践人员,具有重要的理论和应用价值。

图书在版编目（CIP）数据

技术标准联盟的组织与治理/李薇著. —北京：科学出版社，2016
ISBN 978-7-03-047974-7

Ⅰ. ①技… Ⅱ. ①李… Ⅲ. ①技术标准—组织管理—研究

Ⅳ. ①G307

中国版本图书馆 CIP 数据核字（2016）第 060938 号

责任编辑：徐 倩 / 责任校对：马显杰
责任印制：徐晓晨 / 封面设计：蓝正设计

科 学 出 版 社 出版
北京东黄城根北街 16 号
邮政编码：100717
http://www.sciencep.com

北京京华虎彩印刷有限公司 印刷

科学出版社发行　各地新华书店经销

*

2016 年 3 月第 一 版　　开本：720×1000 B5
2016 年 3 月第一次印刷　　印张：11 3/4
字数：230 000

定价：70.00 元

（如有印装质量问题，我社负责调换）

前　　言

技术标准的起源可以追溯到20世纪80年代,它的经济理论来源于外部性理论,扩展于网络型产业兴起之后。技术标准是区别于管理标准和工作标准的, 是一种技术规范,是企业从事生产技术活动的基本依据。一方面, 根据有关学者的定义:"技术标准是一种得到大多数生产商和用户承认的技术规范。"(吕铁, 2005)。另一方面, 在现代产业的发展下, 一般技术标准与专利技术结合在一起, 可以解释为技术标准是一组专利技术的组合, 其本质是"一种或一系列具有强制性要求或指导性功能, 内容含有细节性技术要求和有关技术方案的文件, 其目的是让相关的产品或者服务达到一定的安全标准或者进入市场的要求"(张米尔和冯永琴, 2010; Hemphill, 2005; Lemley, 2002)。从定义上来看, 技术标准不仅可以作为技术行业规范要求企业遵守, 还可以作为行业市场认定的关键技术, 前者主要强调作为标准的性质, 后者主要强调作为技术的性质。技术标准具有三个特性:①统一性。其是指企业及相关部门在生产过程中都依照统一的要求和规范生产产品, 如果不能达到标准则表示产品不合格。②基础性。技术标准是产品生产过程中所需要遵循的最基础的标准, 产品都是建立在该技术标准的要求基础之上的。由于相同性质的技术很多, 能够作为技术标准的技术必然是关键技术, 并能在多种情况下适用。③外部性。Katz和Shapiro(1985)认为网络型产业的外部性主要表现在两个方面, 一是消费的外部性, 即使用某个产品的人越多, 其产品效用越大; 二是生产的外部性, 即生产产品的企业增多, 该产品的成本会下降(邓洲, 2011)。建立技术标准就是要给企业或行业提供一个统一的技术, 使企业生产的产品能够兼容。技术标准的另一个外部性的表现就是标准转化为事实标准。技术标准的外部性特性也由其统一性和基础性决定。

学者们梳理后指出(张米尔和姜福红, 2009; 周寄中等, 2006), 从技术标准是否被法律认可的角度, 可以将技术标准分为法定标准和事实标准两大类。其中,法定标准是指所有相关产业的企业都应该遵守的行业标准。它主要是由权威机构组织建立并发布的标准, 要求所有行业都应该按照所规定的标准执行。而事实标准是指经过市场机制的筛选接纳, 最后被多数企业认可的技术标准, 如实力强大的企业凭借所拥有的核心技术在市场中占有主导地位, 而其他企业的产品生产时只有和它兼容才能在市场上立足；还有就是企业通过联盟的形式共同研发新技术制定技术标准，并将其发布的技术标准推广成为事实标准。进一步，事实标准又可分为独家垄断模式和联盟模式。其中，独家垄断模式下的技术标准由实力强大的企业独自垄断，标准的所有者、管理者和使用者三者统一；而联盟模式则由多个企业联合发起，标准的所有者、管理者和使用者相分离。联盟模式标准可进一步细分为开放式标准和封闭式标准，其中开放式标准可以对联盟外的成员授权、许可和开放，而封闭式标准则对联盟外企业具有排他性。在专利技术与技术标准的组织关联层面，由于技术标准是一个以核心技术为中心的专利组合，因而，与企业往往能单独完成专利申请的情况不同，技术标准往往依靠几个甚至十几个企业共同组建技术方案，并完成其产品化和市场扩散活动，这种组织就是技术标准联盟（standard-setting alliance，SSA）。

在当前的网络经济时代，标准竞争已在诸多产业取代了价格竞争、品牌竞争等传统竞争方式，成为最主要的战略竞争形式。由于现今技术创新具有高度复杂性和系统性，一项技术标准往往包含成百上千项知识产权，很难依靠企业自身力量独立完成，所以依托于企业间合作的外源性协同创新，正在发展成为应对复杂性系统创新的主流组织模式。技术标准联盟就是专门针对建立技术标准这一特殊使命而组建的技术创新战略联盟，是最重要的技术标准化战略实现手段与组织策略。可以说，基于联盟形成联盟标准，已经成了当前技术标准形成机制的主流模式。正如研究（张米尔和姜福红，2009）所表明的，在技术标准大量引用技术专利的背景下，结盟行为将技术交易内部化，从而降低交易费用，为相关专利的技术集成提供了有效途径，而且标准联盟以专利池形式运营拥有的知识产权，这有助于合作创新的持续开展，进而推动自主标准的产业化。

那么，如何组建技术标准联盟并开展有效的伙伴关系治理以达到联盟成员的共同目标——使某项技术成为行业的技术标准——就成为技术标准联盟领域中值得研究和关注的重要问题。本书以技术标准联盟为研究对象，对技术标准联盟的本质、组织与运行、伙伴关系治理、其他相关问题及展望四个关键议题进行研究。

按照以上思路，本书共分为四章。其中，第1章为技术标准联盟的本质；第2章为技术标准联盟的组织模式；第3章为技术标准联盟的治理；第4章为政府对技术标准联盟的干预。第1章的核心内容有两项，分别介绍技术标准联盟的本质——联盟组合观，以及关于联盟组合的相关研究综述。第2章也划分为两部分主要内容，分别为国外技术标准联盟的组织与运行，以及国内技术标准联盟的组织与运行。第3章是全书的重点，内容划分为三部分，分别介绍技术标准联盟中的纵向伙伴关系治理、技术标准联盟中的横向伙伴关系治理，以及技术标准联盟中纵向与横向伙伴的混合关系治理及其效应。第4章的核心内容是政府在技术标准联盟中的角色与参与方式，这项内容在国内情境下尤为典型与重要，所以本书专门为该项内容单独成章，探讨相关话题。

　　本书所包含的研究内容能够为广阔的标准化实践提供理论参考与经验借鉴（尤其是对即将到来的物联网标准大战时代），对提高我国系统创新能力和国际竞争力，意义尤为突出。由于我国技术标准理念及制定体制比较落后，技术标准下的（专利）联盟起步也较晚，多数强制标准和事实标准都与国际水平有相当差距。目前，虽然我国已经开始关注并正在着力加强知识产权战略和标准化战略的推进工作，如建立了 AVS（audio video coding standard，音视频编码标准）、IGRS（intelligent grouping and resource sharing，信息设备资源共享协同服务，也称为闪联标准）、TD-SCDMA（time-division-synchronous code division multiple access，时分同步码分多址）等具有较大影响力的技术标准，但这些技术标准的持续竞争力却面临着诸多考验，成功的关键在于对技术标准所镶嵌的联盟组织进行管理优化，激发创新活力和效率，保持技术标准在确立之后的稳步升级和持续竞争优势。

目　　录

第1章 技术标准联盟的本质

进入网络经济时代，标准成了技术竞争的制高战略，在高新技术领域尤其如此。在技术标准的三种形成机制中，即由政府或标准化组织以法定方式制定标准、由单个企业（或很少数企业）以私有协议方式制定标准，以及由技术标准联盟制定事实标准，通过技术标准联盟建立技术标准的模式正在日渐成为主流。

本章中，我们将对技术标准联盟的产生背景、相关组织形态、相关组织演变继而技术标准联盟组织正式形成这一动态过程进行介绍，并借助与相似组织进行对比分析的方式，对技术标准联盟这种具有特定使命的组织形式的本质进行探讨。

1.1 技术标准联盟的产生

1.1.1 产生背景概述

20世纪初，熊彼特首次提出了"技术创新应发生在企业内部"的观点，但随着技术环境的不断演变，80年代以后，企业间战略联盟开始大量出现，其中尤以技术联盟发展最为迅速（Hagedoorn，2002）。早期技术联盟主要开展单一功能合作，如R&D联盟、专利联盟（patent alliance/patent pool）、技术许可使用合作等。后来，环境不确定性和动态性日益加剧，于是联盟的复合功能日趋强大，尤其是进入网络经济时代以来，随着某些行业的网络外部性效应日渐增强，以建立技术标准为战略目标，同时融合专利打包、技术研发、技术产业化和市场扩散等多项功能于一体的新型技术标准联盟应运而生。总体而言，技术标准联盟尚属于新生事物，国外关于技术标准联盟的研究起源于专利联盟［如数字通用光盘（digital versatile disc，DVD）专利联盟］，技术标准联盟的典型案例则发生于2002年前后，以日本的蓝光光盘（blu-ray disc）、动态图像专家组（moving pictures experts group，MPEG）等技术标准联盟为代表，直接文献（即以standard-setting alliance为名）出现在2009年前后；国内自2005年开始引介国外相关研究，并采用了技术标准联盟的概念，实践案例以TD-SCDMA、闪联和AVS技术标准联盟为代表。

为了归纳技术标准联盟的特征、识别其典型管理问题、探讨有效的治理方式，首先需要对这种具有特定使命的联盟形式的形成过程进行梳理。因此，下面笔者就针对与技术标准联盟密切相关的几个核心概念进行综述，在一定程度上揭示该类型联盟的进化路径。

1.1.2　技术标准联盟的起源——战略联盟

20世纪80年代以来，信息技术革命对社会资源配置、企业运营和竞争方式及全球市场经济格局等都产生了重大而深刻的影响。发达国家和地区，尤其是美国、日本、欧洲地区的跨国公司面对日趋激烈的外部竞争环境，开始对企业竞争关系进行战略性调整，即从对立竞争转向大规模的合作竞争。日益发展的合作战略中最明显的现象就是战略联盟（strategic alliance）。一般认为战略联盟的概念最早由美国DEC公司总裁J. Hopland和管理学家R. Nigel首次提出（秦斌，1998），用来描述产业经济活动中，多个企业之间的合作协议，包括合作研究协议、少数股权参与及合资企业等多种形式。20世纪90年代以来，世界上越来越多的企业加入了联盟行列，企业间各种合作协议每年以超过25%的速度增长。联盟的迅速发展及由此产生的深刻影响引起管理人员和理论界的关注，英国航空公司总裁R. Smith说："伙伴关系是发展全球战略最有效的方法。"管理大师彼得·德鲁克说："工商业正在发生的最伟大变革，不是以所有权为基础的企业关系的出现，而是以合作伙伴关系为基础的企业关系的加速增长。"有许多研究都认为21世纪的竞争将在联盟企业间展开。战略联盟作为一种现代企业组织形式的创新，已经成为企业提升竞争优势的重要手段，对它的研究也已成为战略管理领域的重要课题。

现代企业理论为联盟的形成、存续和治理及联盟创造价值与竞争优势的原理提供了几种主流解释，主要包括交易成本理论（Williamson，1985；Williamson，1975；Coase，1937）、资源基础理论（Barney，1991；Hamel and Prahalad；1994，Penrose，1959；Wernerfelt，1984）及组织学习理论（Hamel，1991）等，它们相互之间具有互补性。其中，在交易成本理论体系中，联盟的形成与联盟形式的选择均以降低交易成本为基本原则（Hennart，1988）。具体而言，传统的市场机制往往根据竞争者之间的相互关系分配资源，而传统的组织则根据企业组织管理的目标来配置资源，两者都不能使资源的获取成本降至最低。而联盟能发挥乘数效应，通过对联盟内资源进行有效组织，避免市场内在的机会主义和降低监督成本，在维护联盟利益的驱动下，减少联盟伙伴机会主义行为的可能性，进而实现要素的共享，保证从投入到产出全过程的"节约"，即联盟的存在能有效降低经济体运行的交易费用。在资源基础理论中，企业被视为是一个资源的集合体（Penrose，1959）。当企业所需的额外资源无法通过市场购得，或内部制造不经济时，联盟就会形成（Eisenhardt and Schoonhoven，1996）。换句话说，资源基础理论将焦点从成本转向了价值（收入）的考量。在组织学习理论中，组织的竞争优势被认为来源于"比其竞争对手学习得更快的能力"。组织学习理论下的联盟被称为"知识联盟"，以向战略合作伙伴学习知识为首要目标，借助于这种学习型联盟，企业能够通过认知、消化、获得和利用其他企业所开发的知识，加速核心能力的培育并使面临的不确定性最小化。

1.1.3 技术标准联盟的起源——R&D联盟

企业联盟研发，是指企业通过与其他企业、事业单位或者个人等建立联盟契约关系，在保持各自相对独立的利益及社会身份的同时，在一段时间内协作从事技术或者产品项目研究开发，在实现共同确定的研发目标的基础上实现各自目标的研发合作方式。R&D联盟不同于企业独自开展研发的工作，其具有自身的特性。根据李东红（2002）的相关研究，R&D联盟的主要特性被概括为以下四项：①R&D联盟具有节约企业研发总费用的性质；②R&D联盟具有迅速攫取经营机会和战略优势的性质；③R&D联盟具有组织学习的性质；④R&D联盟具有实现资源互补、塑造企业核心技术能力的性质。具体而言如下。

首先，R&D联盟能够帮助企业节约研发总费用，是因为联盟作为一种介于企业与市场之间的资源配置方式，其出现和存续从根本上讲是由于它可以更为有效地节约费用、响应更多的资源配置要求、实现更优的资源配置结果。李东红（2002）指出，企业获得一项技术成果的全部费用，包括直接研发费用和各种交易费用。在企业独自开发的情况下，交易费用很低（甚至为零），但直接投入研发过程的费用很高；在企业通过市场购买获得该项技术成果的情况下，直接研发费用低，但交易费用高。R&D联盟同时发生交易费用和直接研发费用，但有可能使研发总费用实现降低。

其次，R&D联盟可以为企业提供迅速攫取经营机会和战略优势的机会。具体而言，进入20世纪70年代后期，企业技术领域出现了两个明显的趋势：一是新技术数量不断增多，产生频率和转化为生产力的速度大大提高；二是领先企业在争夺技术领先地位方面的竞争、后进企业超越领先企业和领先企业竭力维护自身地位的竞争明显加剧。受此影响，独自研发的目标和任务常常受到自身资金、人才、实验场地、设备等的限制，很多企业转向与外部组织建立联盟，共同推动研发工作。在此情况下，R&D联盟组织能否如期取得满意的研发成就，直接关系到一些企业的竞争位势，甚至决定着部分企业的生死存亡。从此，R&D联盟具有了战略的性质，成为许多企业重要的战略选择。

再次，R&D联盟可以帮助企业学习并从组织外部获取有价值的资源、技能、信息、能力等。在企业可以利用的内部与外部两种学习方式中，R&D联盟属于一种有效的外部学习方式。第一，R&D联盟不仅提供了理论交流的机会，而且有机会以研发工作验证这些理论交流结果在实践中是否可行。第二，为了保证研发目标的实现，合作方必须根据合作要求将自身具有的部分技术诀窍实现共享，这在其他外部学习形式中一般是不可能出现的。正如Hamel所讲，R&D联盟可以帮助企业充分获得合作伙伴的重要技术。第三，R&D联盟追求开发最新的技术和产品，因而不仅提供了学习对方已有知识与技术的机会，而且具有在实践中共同探索新技术的特性。第四，对于有些技术与知识，单靠口头或者纸面的传递无法实现，只有在实践中才能深切体会和学到，R&D联盟恰恰提供了这样一种途径。

最后，R&D联盟可以在企业与伙伴之间搭建起共享平台，实现资源互补，进而塑造企业的核心技术能力。不同的企业在自身发展过程中形成了不同的资源积累，并由此决定了企业在当前独自能够做什么和不能做什么。当企业以现有资源条件去做独自不能完成的技术开发项目时，同其他企业建立技术联盟常常成为有效的选择。同时，在联盟研发过程中，企业自身资源与其他组织资源的互补效应，必然使开发的技术成果超过企业依靠自身力量能够达到的水平，并将企业的技术水平推向一个新的高度。

1.1.4 技术标准联盟的起源——专利联盟

技术标准联盟的研究起源于国外学者对专利联盟(patent pool)的关注，即"一种基于专利交叉许可而组成的战略联盟组织"。对专利联盟的研究，主要关注于既有专利的许可规则，目标是解决"专利丛林"陷阱及其引发的专利使用不足问题（也称为"反公共地悲剧"）(Shapiro，2001)。研究脉络方面，最初的研究假设较为严格，主要探讨对称的技术能力和静态的技术市场情境，现今演进到了对不对称技术能力（专利分布）和动态竞争（专利包之间存在竞争）的讨论（Zhang，2006），但是焦点问题仍然是持有相关专利的企业是否结盟，以及不同决策（是否结盟及各种结盟形式）下的企业利润、消费者福利等效应（Shapiro，2010）。所以，组建专利联盟的目的是消除许可障碍，而不是建立技术标准，研究对象集中于横向的专利共享伙伴关系，而对于承担专利包产业化和市场扩散功能的纵向伙伴关系并未给予关注。

专利联盟与技术标准联盟的前后发展关系，可以用图1.1进行展示。事实上，图1.1除了描述从专利联盟到技术标准联盟的简要演化过程之外，同时还揭示了在该项演进路径上，关于技术标准联盟的研究脉络、相关内容及其研究路径，其中内容①和②已较为成熟，内容③的研究始于2002年前后（以蓝牙、蓝光光盘、MPEG

等技术标准联盟典型案例为基础），而内容④的研究则方兴未艾，有待展开深入研究，这也是本书中各项研究内容所处的研究定位。

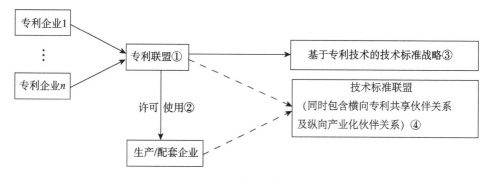

图 1.1 技术标准联盟的产生背景

笔者认为，通过图1.1的脉络图可以看出，传统专利联盟是技术标准联盟的关键性局部功能之一（即前期的专利技术打包）。除此之外，技术标准联盟同时还需要关注标准在市场上的占有率（标准的市场能力），即把相关技术打造成市场的事实或者强制性的标准。

1.2 技术标准联盟的本质——基于对R&D联盟和专利联盟的辨析

正如在1.1节中所述，技术标准联盟作为一种以建立技术标准为根本任务的特殊战略联盟形式，尽管其学术概念早于20世纪90年代初全球移动通信系统（global system for mobile communication，GSM）技术标准联盟取得巨大成功之后便由学者正式提出（Axelrod et al.，1995），但直至近年才随着网络产业的不断深入及DVD、MPEG等技术标准联盟实践的增多真正引发学术界关注。虽然学者们已经围绕技术标准联盟展开了研究，如联盟的法律地位与反垄断争议、联盟伙伴的选择、联盟内部关系治理等，但综观这些研究结果却发现，关于技术标准联盟的研究话题、研究模式、研究结果与技术标准联盟本身的契合度并不是很高，反而与传统的R&D联盟或者是专利联盟有很多相似之处，并导致所取得的研究结论对技术标准联盟的针对性存在缺陷。

笔者认为，产生以上困境的原因在于，学者们对技术标准联盟本质的认知还存在一定模糊性甚至偏差。为了帮助后续研究形成更为清晰的研究逻辑和更为准确的研究模式，在大量文献研究基础上，本节将通过对技术标准联盟及另外两类极易与其混淆的联盟形式——R&D联盟和专利联盟进行比较分析，揭示技术标准联盟的本质及根本特征，并阐述技术标准联盟所特有的典型问题，以及探讨这些问题时适合采用的研究模式。

1.2.1　R&D联盟与专利联盟的界定及辨析

1. R&D联盟的定义及特征

R&D联盟（R&D alliance/R&D collaboration/technology alliance，即研发联盟），其本质是两个或多个企业通过资源（知识、资本等）共享来创造新知识和新产品的合作协议（Veugelers，1998）。R&D联盟的组织形式被划分为纵向R&D联盟和横向R&D联盟两大类，每一类又进一步细分为三种常见模式，分别为纵向/横向研发卡特尔（R&D cartel）、纵向/横向研发合资体（research joint venture，RJV），以及纵向/横向研发合资卡特尔（RJV cartel）。其中，R&D cartel是指伙伴在利润最大化原则下对最优研发投入进行协调；RJV则强调伙伴对知识共享率或知识溢出水平进行协调；而RJV cartel则是以上两方面的集合体，即伙伴在研发合作过程中同时对研发投入水平及知识共享率进行协调。

尽管R&D联盟的组织形式不止一种，但在以下几个特征上却是具有共性的（图1.2）。

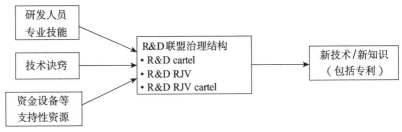

图 1.2　R&D 联盟的示意图

（1）联盟主体。联盟成员是拥有独特知识且知识间具有互补效应的企业，这些企业各自向联盟贡献与新技术开发密切相关的知识和资源，并通过相互协调对新技术开展研究与开发活动。技术研发成功后，伙伴按照合作协议对新形成的知识产权的所有权进行分配，并独立开展后续的技术产品化和市场扩散活动。

（2）联盟的管理客体。伙伴各自拥有的显性或者隐性知识是联盟的核心资源，这些知识（尤其是各类技术诀窍）的整合与创新是形成新知识/新技术的根本通路。

（3）联盟的任务与目标。R&D联盟的任务是将联盟成员各自向联盟贡献的知识进行整合，并在此基础上创造出新知识并开发出具有新功能的新技术/新产品。

（4）联盟的成本与收益。R&D联盟的成本体现为显性的资本投入及隐性的技术不确定性风险，除了研发失败的风险之外，有时还会面临即便技术被成功开发但仍会遭遇市场淘汰的市场风险。收益则来源于新技术的产业化过程，包括技术持有企业自己进行产品生产所产生的利润，以及通过向其他生产企业进行技术许可而获得的许可收入。

R&D联盟最初出现于20世纪60年代，在经历了60年代和70年代的缓慢增长之后，于80年代出现爆发式增长，在90年代初期出现过短暂的下降趋势，但1995年之后又重新恢复了大幅增长态势，直至现今，尽管偶尔还会出现小幅减少，但总体上仍然维持着增长趋势。在各种联盟形式中，R&D联盟是在政策层面受到最多鼓励和最少管制的（尤其是基础性研发），不仅在于其对技术创新和技术进步具有巨大的促进作用，而且还在于单纯的R&D联盟很少产生诸如垄断效应等消极市场效应。据统计，在所有形式的联盟中，技术联盟的比例高达70%以上，而R&D联盟就是其中极为重要的形式之一，在以知识密集和技术创新为主要特征的行业类型中，此类联盟的应用更为广泛，具有非常显著的战略意义。

2. 专利联盟的定义及特征

专利联盟，其本质是两个或多个专利持有人之间就专利许可事项达成的合作协议，其中专利许可包括联盟成员之间的交叉许可及对外许可（Clark et al., 2000）。因此，专利联盟通常由两类成员企业构成，即许可企业（licensors）和被许可企业（licensees）。其中，许可企业是指那些拥有必要专利（也称为基础专利）的企业，这些必要专利是专利联盟的核心资产；被许可企业则是那些向许可企业购买专利使用权以进行新产品设计的企业。从基本层面来看，专利联盟代表的是一个正式的专利共享协议，该协议使专利持有企业的私有知识产权在众多被许可企业主体间得到流转，并最终导致新技术的诞生和新产品的商业化，如美国的缝纫机联盟及日本在DVD领域的3C和6C联盟[①]。

专利联盟的主要特征包括以下几个方面（图1.3）。

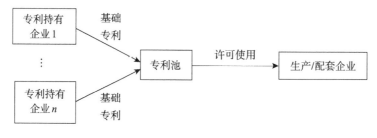

图 1.3　专利联盟的示意图

（1）联盟主体。专利联盟的成员主要是持有私有知识产权的独立企业，有时

---

① 3C联盟是指由飞利浦、索尼、先锋三家公司联合成立的消费电子领域的专利保护联盟。6C联盟是指由日立、东芝、三菱、松下、JVC和时代华纳六家公司联合成立的消费电子领域的专利保护联盟。

也会将重要生产商作为联盟成员，它们可以对专利池提供建议并在专利包许可价格上获得一定优惠。

（2）联盟管理客体。专利联盟的管理对象是伙伴们各自贡献的专利，这些专利是完成某个技术解决方案时所必需的、具有互补性的基础性专利。

（3）联盟任务方面。其主要围绕需要解决的技术问题或拟实现的技术功能，对企业贡献的专利进行甄选，将所有的必要专利进行整合，并集成一个能够实现预期功能的专利包，然后将这个专利包面向联盟内及联盟外的生产企业进行一站式许可，使这种新技术得以扩散。

（4）联盟（成员）的成本与收益。成本方面，从总体上看，专利联盟面临的来自于技术和市场的不确定性风险水平较低，具有快速的技术形成与扩散优势及很强的市场影响力，但往往会面临很高的政府反垄断管制。从个体成员角度看，在允许保留独立许可权的情况下，参与专利联盟对专利持有人而言不存在显性成本。专利联盟的收益来源于两部分，除了生产性利润之外，还有专利包对外许可时所产生的许可收入。对于那些按照固定或浮动费率制度向受许可企业收取的许可费，将依照合作协议中所规定的收益分配方法向各个持有必要专利的联盟成员进行分配。

截至目前，专利联盟仍然是一种很少发生的稀有联盟，常常因为被质疑许可企业可能达成串谋而很难获得监管部门的认可和通过。在美国，从1902年至2001年，在被审查的24个申请成立的专利联盟中，仅有9个获得了法律认可，而另外15个都因为被视为可能会威胁正当竞争而遭到了拒绝。尽管专利联盟并不时常发生，但是我们认为，无论是在战略层面还是在经济层面，它们都是具有重要意义的。专利联盟可以成为创造具有世界影响力的新技术的平台及新产品扩散的平台，基于这个平台产生的巨大预期经济效益使政府越来越倾向于认可它们的信息。1902～2001年，美国政府授权成立的专利联盟，虽然数量很少，但却极大地促进了某些影响巨大的全球性产业的大发展，包括飞机制造业、广播电视业、无线通信业、磁/光盘产业，以及最近的射频识别技术（radio frequency identification，RFID）和某些生物技术领域。尽管专利联盟已经在这些知识密集型产业的诞生和发展过程中发挥了至关重要的作用，但是，专利联盟现象在战略研究领域仍然处于开发不足状况［更详细的综述可参见Sakakibara和Branstetter（1999）的相关研究］。

3. R&D联盟和专利联盟的主要研究问题

1）R&D联盟的典型问题

对R&D联盟的讨论，集中于市场环节之前，主要环境特征可以概括为两个高度不确定性，即新技术所依托的专利技术能否被成功开发具有高度的技术不确定性，以及新技术的产业化和需求前景具有高度的市场不确定性。所关注的议题集中于新技术的产生过程（如研发投入决策、知识溢出水平、知识互补性等）和技术创新的结果（如过程性创新和突变性创新，以及成本降低效应和质量改进效应等），所要解决的核心问题是寻找最有助于提高研发效果的合作形式与合作机制，最有效率地完成新技术的创造和新知识产权的形成。至于新技术的产品化和市场化问题，则由于反垄断的限制而通常不在R&D联盟的合作范围内，因此在学术研究领域，学者们所构建的博弈模型也都基本上采用了"合作研发而独立生产和市场竞争"的博弈过程，即研发环节合作而生产环节保持竞争。

按照上述逻辑，R&D联盟领域的主要研究问题可以归纳为以下几个方面。

（1）讨论合作动机问题。学者们提出的研发合作动机可以归纳为三个主要方面，即降低成本、改进质量或功能及提高创新能力。其一，降低成本是最常见的研发动机，是指企业的研发活动一旦获得成功，就可以降低企业的边际生产成本。通常会假设 $c_i = \alpha - hx_i - gx_j$，即如果研发成功的话，企业 i 每单位的研发投入 x_i 可以使其边际生产成本 α 降低 h 个单位，而合作伙伴企业 j 的每单位研发投入 x_j 可以通过知识溢出效应使其边际生产成本 α 降低 g 个单位。其二，改进质量或改进功能的动机在某些文献中也被称为纵向差异化和横向差异化，前者是指产品的功能维持不变而改进其质量，后者则是指创造出功能具有实质改变的全新替代品。其三，提高创新能力方面，学者们（Quintana-Garcia and Benavides-Velasco，2004）通过与自主独立创新模式进行比较研究，考察了合作创新对企业创新能力的影响机制。

（2）讨论合作形式问题。如前所述，R&D联盟的合作形式被划分纵向与横向两大类别。其中，纵向研发合作是指涵盖产业链上下游组织，甚至是不同产业链上多个主体的综合性合作组织，典型形式有企业-大学-科研机构-政府所组成的合作团体。这个领域的研究成果非常丰富，主要关注纵向伙伴的选择、互动机制、创新结果等方面（Ponds et al.，2010；Motohashi，2008）。横向研发合作则是指由竞争对手组建的研发合作体，由于竞争对手之间的知识相似性很高，因此知识的吸收效率相较于纵向伙伴具有明显优势，但也存在突出的知识冗余及机会主义风险等消极因素，因此横向伙伴之间的关系治理更为复杂（Kesavayuth and Zikos，2012）。学者们从知识溢出的角度研究发现，只有当伙伴间的知识溢出水平足够大（高于某一临界值）的时候，结成横向R&D联盟才有助于提高研发投入和利润水平等绩效表现（Peters，2011；Grassler and Capria，2003）；而在纵向R&D联盟中，不论知识溢出水平取何值（但表现为正值），合作效果始终会优于不合作的情况。还有学者（de Man and Duysters，2005）归纳了典型合作形式对合作创新结果的作用机制，指出了纵向R&D合作及其具体模式在哪些条件下将产生优于不合作及优于横向研发合作形式的创新效果和社会福利。

（3）讨论知识溢出问题。知识溢出是R&D联盟中最具代表性的问题，在众多影响因素中，就知识溢出因素对R&D联盟绩效的影响机制引发了最为广泛的讨论。知识溢出是一个难以借助变量进行描述和衡量的知识特征，Mansfield（1985）给出了六个主要的知识溢出途径，即人员流动、非正式交流网络、会议、上游供应商及下游客户、专利申报、逆向工程。知识溢出被划分为多种类型，如发生于竞争对手之间的横向溢出与发生于上下游互补企业之间的纵向溢出，以及从外界流向企业的流入性溢出及从企业流向外界的流出性溢出等。关于R&D联盟中的知识溢出效应存在一些一致性的结论：一是关于知识溢出与合作及不合作情况下R&D投入水平之间的关系，尽管不合作情况下企业的研发投入会随着溢出水平的增大而一致性减少，但是合作情况下则会呈现多种不同的趋势，具体而言，当知识溢出水平超过某一临界值之后，R&D合作（不论是纵向还是横向合作）总是有助于提高研发投入水平的（Kamien and Zang，2000；de Bondt and Veugelers，1991）。当然，还需要考虑知识的吸收率问题，正如Kamien和Zang（2000）提出的，当考虑这一因素时，以上结论就很可能面临例外情况，从而表明当所合作的技术难以保持专有的情况下，R&D合作策略将刚性地优于不合作情况。二是关于知识溢出与企业利润水平和福利效应的关系方面，多数研究一致表明合作策略有助于提高企业在研发之后的利润水平，而且，一旦知识溢出水平足够高（超过临界值），知识溢出水平对利润的促进作用会随着溢出水平的增加而更快地增长。与此相似，相对于各自竞争的格局，产业范围的研发合作有助于提高社会福利水平（de Bondt and Veugelers，1991）。上述两方面结论综合表明，当知识溢出水平足够高的时候，企业是有意愿组建或参与R&D联盟的，而且这种联盟有利于福利的增长。

（4）讨论合作机制问题。学者们识别了对合作研发绩效具有重要影响的因素，并挖掘了它们的作用机制。影响因素可以归纳为两类，即正式的治理结构和非正式的治理机制，其中正式的治理结构是指合作协议，也称为合同或契约，是以书面形式规定的合作伙伴的权利义务及联盟规章；而非正式的治理机制是指无法借助合同条款明确约定的管理要素，如信任、承诺等。关于正式治理及其与合作创新绩效的作用机制，学者们的研究结果集中体现于合作研发合同的管理及所有权和控制权分配等方面。例如，有学者（Mora-Valentin et al.，2004）基于800份合作研发协议，剖析了有助于实现合作成功的合约要素；还有学者（Kloyer，2011）从所有权和控制权的分配角度，探讨了R&D联盟在不同权利配置模式下的绩效表现。而关于非正式治理要素对合作创新绩效的影响机制，文献则关注了信任（Krishnan et al.，2006）、经验（Heimeriks and Duysters，2007）、伙伴特征（Hoang and Rothaermel，2005）、吸收能力（Lin et al.，2012）等因素对创新绩效的作用机制。例如，Ryan等关注了信任因素在高技术企业研发合作中的作用机制，提出了基于开放性与诚实的信任基础。Krishnan等（2006）关于行为不确定性环境下的信任因素对R&D联盟绩效的影响方式进行了剖析，指出当面临高度的伙伴行为不确定时，信任是最有助于改善联盟绩效的治理因素。除了信任因素，还有学者关注了经验的作用（Heimeriks and Duysters，2007），指出经验导致的联盟能力对R&D联盟的结果也具有积极的促进作用。除了单个因素分析之外，还有学者尝试同时对上述因素中的两项或多项进行综合研究，并揭示了影响因子与联盟绩效之间更为复杂的作用机制（Zhang et al.，2007）。

2）专利联盟的典型问题

专利联盟是用来组织既成专利的，为了设计出具有某种先进功能的新产品技术解决方案，由某个企业或者组织（如行业协会）向持有相关专利的产权人发出号召，召集必要的互补性专利，并集成一个可以完成预期功能的专利技术包，通过将这个由最新专利技术组合而成的技术包进行许可生产使其得到产业化，并由此促进产业技术进步。因此，该类联盟在组建方式、管理机制、创新效应方面存在一定的独特性。专利联盟的典型问题如下。

（1）专利联盟的组建方式。学者们针对专利联盟的组建问题进行了研究，并从成员类型、专利覆盖范围、组建时机等层面提出了最优的组织设计原则（Langinier，2011；Lévêque and Ménière，2011），如Layne-Farrar和Lerner（2011）讨论了企业是否参与专利联盟的决策模式，考察了需要权衡的决策要素。

（2）专利联盟的管理机制问题。集中体现为专利包的许可制度问题，并被划分为对内许可和对外许可两部分。其中，对联盟内成员多采用免费许可制度，即贡献了基础专利的主要联盟成员，可以免费使用整个专利包；对外分为固定费率（fixed fee）和浮动（royalty）两种收费制度。前者是指不论受许可企业的产量多大，按使用期限向专利联盟支付固定的技术使用费；而后者是指受许可企业的缴费数量取决于其自身产量，按照单位费率与产量的乘积来支付技术使用费。学者们针对这两种制度的优劣和适用情境进行了单独分析及比较研究（Shapiro and Lemley，2007）。

（3）专利联盟的创新效应。专利联盟的创新效应是一个具有广泛争议的话题，至今尚未形成一致结论。一是积极效应，主要体现为解决专利丛林困境和公共地悲剧（Shapiro and Lemley，2007）、提高技术创新动力（Peters，2011）、促进技术转移（Grassler and Capria，2003）、强化市场竞争（Kato，2004）、建立技术标准（Aoki and Nagaoka，2004）、增加社会福利等方面。二是消极效应，集中于专利联盟的垄断问题，联盟领域及法学领域的学者们都对专利联盟的合法地位进行了质疑，并对其潜在的市场垄断效应进行了争辩。近期，更有实证研究（Lampe and Moser，2012；Joshi and Nerkar，2011）揭示了专利联盟对技术创新的阻碍作用，相关研究发现：专利联盟在形成之后，其垄断性会降低联盟成员的创新动力，进而导致与该技术相关的后续专利数量与质量大幅减少，而与此同时，没有参加专利联盟的其他同类技术企业的创新活动和专利产出却能够保持持续增长。

1.2.2　技术标准联盟的界定与分析

1. 技术标准联盟的定义与特征

技术标准联盟，是指"以拥有较强R&D实力和关键技术知识产权的企业为核心并联合多个企业，以共同发起一项技术标准，并将标准进行市场扩散为战略目标的联盟组织"（Lemley，2002）。其根本特征在于：联盟任务同时包含"标准开发"和"市场扩散"两个环节，因此该类联盟中同时包含至少两类成员——具有研发功能的技术企业和具有生产功能的生产企业（有的企业会同时兼具这两种功能）。除了以上两类不可或缺的成员之外，配套性技术企业、政府、高校、科研机构、行业协会等组织也往往会参与其中，这体现了技术标准在行业内的广泛影响力和联动效应。这种情况下，核心企业通常会与多种类型的企业或组织组建不同功能的局部联盟，而这些局部联盟的集合则形成了整个技术标准联盟，共同完成研发和推广新技术标准的战略目标，如由技术类企业结成的研发子联盟和专利子联盟，以及由生产企业结成的产业化子联盟。基于以上论述本书提出：技术标准联盟可以被视为一种典型的联盟组合（alliance portfolio）（Andrevski et al.，2013）或称为联盟网络（alliance network）形式（Phelps，2010）（图1.4）。

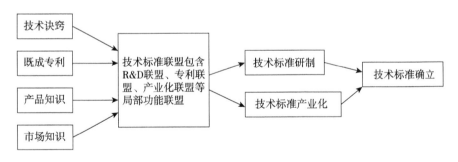

图 1.4　技术标准联盟的示意图

从以上对技术标准联盟的界定容易看出它的显著特征：技术标准联盟是一个组合性联盟，同时包含技术研制和产业化两项任务。其中，技术研制任务涉及大量的知识创造与专利集成活动，一项技术标准往往包含成百上千项专利技术，所以本质上讲技术标准最终体现为一个专利包；产业化任务的实现则是借助技术标准的许可使用与生产而完成的，通常包括技术标准在联盟核心成员之间的免费交叉许可使用，以及对承担产业化功能的联盟成员和外部企业所执行的有偿许可，许可费率会依照成员在联盟中的等级实施差异化定价。从以上的特征描述中可以发现，往往同时具有技术研发、专利组合、专利包许可等活动的技术标准联盟与

R&D联盟和专利联盟之间存在着紧密联系。

2. R&D联盟、专利联盟及技术标准联盟的差异

尽管R&D联盟、专利联盟及技术标准联盟都是服务于技术创新的重要战略联盟形式，在推动社会技术进步方面都发挥着不可替代的作用，但是，这些联盟形式的发生机制及技术创新原理却是存在明显差异的。

（1）联盟适用的创新类型（环境）不同。R&D联盟适用于相对独立的自治创新或称为局部性的模块创新（modular innovation），但专利联盟和技术标准联盟则适用于具有技术依赖性的复杂性系统创新（systematic innovation）。其中，自治性技术创新项目可以独立实施，而系统性技术创新的完成则依赖于与其他相关技术项目的交叉和共同实施，也因此出现了系统性复杂创新过程中通常遭遇的专利丛林问题及专利保护失灵问题［专利制度并不能完美地保护知识产权，其无法避免专利的知识溢出效应及"擦边专利"（invent around）现象］。为了解决上述由于复杂知识产权状况而引发的协调困境，就需要将知识溢出转化为内部流动，将那些持有必要专利的企业吸纳入联盟，共享所需专利，也就是建立专利联盟。再进一步，如果将大量专利进行集合的目的是创建新的技术标准，并为之配备了技术研发和产业化协调功能，那么这些企业所形成的联盟就是技术标准联盟。

（2）知识的形态和使用机制不同。R&D联盟的基础要素是知识，主要任务是对既有知识（尤其是隐性知识）进行共享并创造出新知识/新技术，新技术可以是一种新的工艺或者是一个全新的产品，但通常表现为一项或若干项专利或技术诀窍。而专利联盟的基础要素是知识经过加工之后所形成的专利，主要任务是对既有的专利进行打包，整合成为一套可执行的技术解决方案。至于技术标准联盟，在完成技术标准方案研制过程中，往往会同时发生研发新技术模块及组合既有专利这两项活动。首先，R&D联盟的产出是专利联盟的投入。其次，R&D联盟中发生大量知识共享、人员互动和知识加工创造活动，而专利联盟中仅仅根据功能要求对相关专利的适用性和优越性进行评价、筛选与组合，很少涉及人员互动与隐性知识交叉等活动。最后，技术标准联盟往往同时包含R&D联盟与专利联盟中的知识类型，而且专利既可以是初始投入要素也可以作为最终产出形式。

（3）联盟受到的政策管制强度不同。R&D联盟发生于研究初期，具有极强的探索性，因此政府通常对其持鼓励态度，只有当合作成员的市场影响力之和超过敏感水平时，政府规制部门才会介入审查其合作研发计划。而专利联盟的形成则往往要经过十分严格的审查，出于对反不正当竞争的考虑，这个过程相对非常烦琐和漫长（Gilbert，2004）。例如，在美国负责管理市场公平竞争的部门（department of justice，DOJ）要求专利联盟中所有必要专利必须依照法律被一位独立的审查人员评价，他将依据科学性及商业价值大小对池中的专利进行取舍，

以保证具有互补关系的必要专利都被包含于该专利池中，而剔除那些具有替代关系的专利。对于技术标准联盟，政府的相关政策则相对最为积极，政府不仅鼓励企业和行业协会等机构通过自发形式构建事实性技术标准，有时甚至会积极发起或者参与到技术标准联盟中，借助研发补贴、信息咨询、技术支持、政府采购等方式来助推技术标准联盟的运行，并将相关技术标准通过法定方式认定为行业标准或者国家标准，如国内的TD-SCDMA、闪联、AVS等技术标准联盟案例。

3. 技术标准联盟、R&D联盟及专利联盟的关联

本书认为，技术标准联盟中的专利基础条件决定了技术标准联盟与R&D联盟和专利联盟的联系。其主要分为两种典型情况：①当构成技术标准所需的必要专利都已经被相关企业研制出来并各自取得了知识产权的时候，技术标准的形成路径可以描述为组合既有相关专利，此时技术标准联盟的组建和运行模式与专利联盟非常相似。②当必要专利并未完全具备，而是需要伙伴企业共同协调甚至联合研发某些新专利，然后才能构建完整的技术标准方案的时候，由于涉及大量研发协调（如技术兼容的协调等）甚至是共同研发活动（如组建联合研发实验室等），此时技术标准联盟的运行则同时包含R&D联盟与专利联盟两种合作形式的功能，其中R&D联盟主要负责必要专利的开发，而专利联盟则完成后续的技术标准方案的打包和产业化。三种联盟之间的逻辑关联可以用图1.5所示的技术标准联盟的功能结构图进行表达。

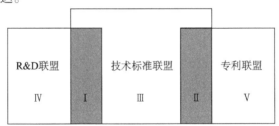

图 1.5　技术标准联盟的功能结构图

图1.5表明，技术标准联盟的功能结构具有以下三个重要特点。

（1）技术标准联盟的功能往往包含R&D联盟和专利联盟的功能（图1.5中的重叠区域Ⅰ和重叠区域Ⅱ），但并不必然同时包含。具体而言，在技术标准所需要的基础专利齐备的情况下，技术标准联盟的运行将直接从专利的打包开始，也就是从专利联盟的功能开始执行；而当构成技术标准所需的必要专利不齐备的时候，合作研发功能就会成为技术标准联盟功能的必要组成部分。在第二种情况下，联盟中有些成员只承担研发功能，有些伙伴只承担生产功能，而有些伙伴则同时涉足两类业务，因此，核心企业与这些不同类型的伙伴之间所建构的合作关系是各不相同的，甚至各类伙伴所面临的利润构成也是存在差异的，这就意味着，在核

心企业与不同类型伙伴之间所结成的"子联盟"中，成员间的博弈与互动过程并不相同，因此，对技术标准联盟中成员企业的最优决策进行分析时，必须明确地区分和界定企业与伙伴的类型、角色、合作内容、互动关系及相应的决策函数，而不能简单地将之视为一个整体进行一般性研究。

（2）除了R&D联盟和专利联盟的功能之外，技术标准联盟往往还拥有这两类联盟所没有的其他功能和任务（即图1.5中的空白区域Ⅲ），如企业（联盟）和政府部门的合作与协调功能。技术标准联盟被视为是应对复杂性系统创新的有效组织形式，因此常常被政府用来执行能够创造国家或区域竞争优势的重大创新战略，韩国、日本、中国及欧美等国家和地区都出现过类似案例，如韩国政府主导下确立的CDMA二代通信技术标准（已顺利过渡为CDMA2000标准），日本在2G时代也由国家电信确立了其个人数字蜂窝（personal digital cellular，PDC）标准［已过渡为WCDMA（wideband-CDMA，即宽带码分多址）标准］，中国政府积极推动和参与建立了TD-SCDMA三代通信技术标准，此外，通信行业内最具知名度的GSM技术标准，最初也是由各主要国家的政府机构进行磋商协调并以联合成立标准化委员会的形式，组建技术标准联盟并成功研发和确立的。上述与政府之间的互动关系是传统R&D联盟和专利联盟中所没有的，但却是对技术标准联盟的成功具有重要影响的独特因素。当然，技术标准联盟中独特的功能模块和关系模式并不止上述一个方面，更多专有性要素需要学者们进行挖掘和探索。

（3）技术标准联盟中的R&D联盟功能和专利联盟功能并不一定等于独立R&D联盟和独立专利联盟的全部功能（即图1.5中的空白区域Ⅳ和Ⅴ）。例如，独立的R&D联盟通常具有两大类创新功能，即工艺创新（或改进性创新）和产品创新（或突变性/原始技术创新），也就是说合作研发并不全部都是为创建技术标准而服务的；同样道理，尝试建立技术标准也不是专利联盟的唯一目标，那些只是为了解决"专利丛林"困境的专利池也是常见的。这意味着，传统R&D联盟和专利联盟所采用的研究模式并不是都适合于技术标准情境下的研发合作与专利合作任务。

4. 技术标准联盟的典型问题及其研究基础

1）适合以专利联盟作为研究基础的技术标准联盟问题

对于技术标准联盟与专利联盟的重叠功能与共性问题，可以将专利联盟的相关理论和研究模式作为基础，通过借鉴和改进达到解决技术标准联盟相关问题的目的。例如，技术标准的专利策略和许可问题，专利联盟的相关研究结果可以形成较为直接的参考基础，但是，在选择许可制度和评价制度效果时，需要进行修正以体现出技术标准所特有的"标准效应"。此外，技术标准联盟的创新效应问题，与专利联盟也有相似之处，即评价技术标准联盟策略对技术创新是否具有促进和阻碍的双重效果。这个问题与评价专利联盟对技术创新影响机制具有相似性，但是具体的影响结果及影响机制是否存在特殊性等疑问还有待探索，目前还没有学者对此进行过研究并得出结论。

2）适合以R&D联盟作为研究基础的技术标准联盟问题

同理，对于技术标准联盟与R&D联盟的重叠功能和共性问题，则可以R&D联盟领域的研究模式为基础进行借鉴和改进。这些共性问题集中于以知识共享为核心的研发协调机制方面，包括伙伴选择、联盟形式、协调机制、绩效测量等典型问题。尤其是技术标准联盟中技术核心企业的结盟策略问题，包括核心技术企业之间及核心技术企业与跟随企业的结盟方式，这是技术标准联盟中知识创新最为密集的合作环节。

3）亟待从"联盟组合/联盟网络"视角开辟关于技术标准联盟的研究模式

以上借鉴R&D联盟和专利联盟现有研究模式的方法，虽然有助于对技术标准联盟实施研究并揭示某些规律，但贡献仅仅是局部性的，应用不当时甚至会产生误导性结论。本书认为，由于技术标准联盟属于典型的联盟组合或联盟网络形式，所以那些专门为联盟网络/联盟组合问题而开发的研究模式，才是更适用于技术标准联盟的，换言之，学者可以基于联盟网络理论、从技术标准联盟的联盟网络特征出发，开发适用于技术标准联盟的研究模式。这种新型研究模式的根本特征应该真正聚焦于多个企业之间的互动与协调机制，而不再是像传统的双边联盟（bilateral alliance）领域的研究模式，只关注于联盟内部两个伙伴企业之间的互动与决策（对R&D联盟的研究就是典型的双边模式）。上述论点主要来源于学者们对联盟网络/联盟组合领域内研究模式的局限所进行的文献综述，如Guidice等（2003）与Gudmundsson和Lechner（2006）在各自的研究中都指出，尽管现在关于联盟网络的研究日渐增多，而且所采用的研究方法涵盖理论分析、规范模型、案例研究、实证检验等各种主流方法，但遗憾的是，学者们的研究逻辑却依然局限于传统的双边联盟中的"两方互动"模式，并举例言，从联盟外部角度，学者们往往通过将联盟视为一个整体（如同一个企业一样），进而将联盟与联盟之间的对抗问题视为企业与企业之间的对抗进行研究；从联盟内部角度，联盟成员之间的治理仍然关注两个伙伴之间的问题，而并未关注联盟组合战略下，一个企业往往会同时参与多个联盟的实质现象。在以上研究逻辑的局限下，必然导致所得出的结论无法契合联盟组合/联盟网络的根本问题。近来，持有相似观点的学者日渐增多，并导致关于联盟组合及联盟网络的话题成了新兴的研究热点。

1.3 总评——技术标准联盟的联盟组合本质

通过对技术标准联盟以及极易与其混淆的两类联盟——R&D联盟和专利联

盟进行比较分析，本书阐释技术标准联盟的本质，即它是一种往往同时涵盖技术研制与技术产业化功能的多组织联合体，一定程度上可以理解为是以R&D联盟和专利联盟为基础的联盟组合。因此，一方面，技术标准联盟与传统的R&D联盟和专利联盟具有较高的关联性甚至是相似性；另一方面，技术标准联盟需要将技术研制和产业化两项功能进行集成，因此联盟成员间的互动模式和制约机制与单独的R&D联盟或专利联盟又存在显著差异。

鉴于以上原因，对技术标准联盟进行问题识别和研究的时候，需要结合技术标准联盟的本质特征进行定位，并选用或者开发适合于技术标准联盟情境的研究模式。一方面，当以传统的R&D联盟或专利联盟为研究基础进行借鉴和修正时，需要考虑是否在修正模型中设置契合技术标准联盟特征的特殊参数或变量，以避免研究结论发生偏差。另一方面，为了探索更为契合于技术标准联盟的研究模式，亟待学者们从联盟组合或联盟网络角度进行尝试，如通过对技术标准联盟中的多种伙伴类型及不同功能子联盟之间的关系进行挖掘，对技术标准联盟形成更为准确的认知。

1.4 关于联盟组合研究现状的简述

联盟组合（alliance portfolio）是指一个企业同时参与多个联盟，这些联盟的功能可能是相同或相似的（如若干个联盟都是研发性质的），也可能是完全不同而具有互补特征的（如某些联盟是研发性质的，另外一些联盟则是生产性质的，还有一些联盟则主要是做市场销售的）。

在现有相关文献中，国外学者有专门采用联盟组合的概念并开展研究的，但是在国内，联盟组合与联盟网络这两个概念是没有做明确区分而往往混合使用的。本书认为，国外学者所专门指出的联盟组合事实上是联盟网络的形态之一，两者确实存在交叉的区域，但对于某些特定问题，事实上还是需要区分研究的。下面的文献梳理与汇总暂且沿用现行文献的主流情况，不对联盟组合和联盟网络两个概念进行明确区分。

刘丹和闫长乐（2013）对网络的出现及协同机理进行了理论分析，他们指出，网络概念起源于20世纪60~70年代，80~90年代网络与结网的概念便开始流行。英国的Harland（1995）指出，原来的网络概念通常被描述为一种纤维线、金属线和其他类似物联结成一种"网"的结构，现在的网络是指以不同形式表现的行为主体之间的联系。类似的，创新网络的定义，较早的来源是Baba和Imai（1989）的定义：创新网络是应付系统性创新的一种基本制度安排。Freeman（1991）引证并接受Baba和Imai的创新网络定义，认为创新网络是应付系统性创新的一种基本制度安排，网络形成和出现是为了响应组织对知识的需求。相应的，联盟网络或联盟组合则是随着战略联盟的出现，而从单个联盟逐渐演化而来的更为复杂的联盟形态。

有学者专门针对联盟网络的内涵进行了探索性分析。例如，赵红梅和王宏起（2010）界定了R&D联盟网络的内涵并分析了其社会属性，得出R&D联盟网络是社会网络的一种类型。他们指出，随着R&D联盟数量的迅速增加和R&D联盟企业技术创新需要的不同，R&D联盟中的研发企业逐渐通过其R&D联盟伙伴，甚至伙伴的伙伴建立起联结关系，这种相互联结的R&D联盟伙伴关系的总和构成了R&D联盟网络。R&D联盟网络是由R&D联盟企业通过契约或合作协议所构成的具有网络结构和战略意义的研发合作关系网络。其中，R&D联盟企业是网络中的节点，R&D联盟关系是节点间的联结方式，即网络中的节点是通过直接或间接的R&D联盟关系联结在一起的。R&D联盟网络中研发企业之间的联结关系不是纯粹的市场交易关系而是包含了信任、合作、嵌入及相互锁定等特征在内的特定类型的社会关系（朱海就等，2004；Tyler and Steensma，1995）。

前期及现有关于技术标准联盟的文献中，讨论焦点主要集中在"联盟"策略对技术标准策略的支撑关系方面，即核心企业现在越来越倾向于借助联盟这种组织形式来实施其技术标准战略。例如，Saloner（1990）提出当市场上不存在明显占据优势的强势企业或者强势技术时，有意发起技术标准的企业会倾向于采取联盟制度，联盟可能是显性的也可能是隐性的。Farrell和Gallini（1988）随后研究了隐性联盟的表现形式，并重点考察了基于专利许可关系的隐性联盟形式，即技术标准发起企业愿意通过低价格甚至是免费的方式，将技术进行授权使用，以期扩大市场用户基础数量。David和Greenstein（1990）则专门研究了显性联盟的表现形式，并指出，当技术更新速度比较快或者是市场上存在替代技术时，发起企业更倾向于采用显性联盟制度，即允许成员根据各自所长进行资源投入并有机会控制正在研制过程中的技术标准（局部技术或整体）。

简言之，这些既有研究的焦点可以被视作单个技术标准联盟（single alliance）的相关问题，包括内部伙伴关系治理问题，标准联盟的绩效问题，等等。然而，对于核心企业同时参与的多个联盟（multi-alliances）的管理问题，目前的研究则存在较多局限。尤其是核心企业如何在多个联盟（甚至是功能各不相同的联盟）之间开展协调活动，如何对各个联盟中的伙伴（尤其是重要伙伴）进行关系治理，同时参与多个联盟对于核心企业而言更有助于创造竞争优势等诸如此类的问题都有待展开深入研究。

尽管对上述话题的研究还尚未系统展开，但已经有一些学者对这些话题开始了探索性研究。相关研究可以简单概括为两大方面：一是借助社会网络理论和方法对联盟组合/联盟网络的治理问题开展研究，主要集中于联盟组合/网络中的嵌入机制研究；二是关于联盟组合/联盟网络的技术创新绩效问题。下面依次对这两个方面的文献成果进行简要梳理与归纳。

1. 在联盟组合/网络的治理，尤其是嵌入机制研究方面

1）关于嵌入机制的相关研究

现有关于嵌入机制的研究，主要是基于一般性合作网络（cooperative network）情境的，而专门针对特定网络类型（如技术标准联盟网络/组合）进行的研究还不多见（Gnyawall and Madhavan，2001）。对于嵌入方式的维度刻画，虽然存在"结构嵌入、认知嵌入、文化嵌入和政治嵌入""业务嵌入与技术嵌入"等分析框架，但影响最大、被引用最多的是Granovetter（1985）提出的"结构性嵌入"（structural embeddedness）与"关系性嵌入"（relational embeddedness）二分法，前者强调网络的整体功能和结构，以及企业作为网络节点在社会网络中的结构位置；后者的研究视角集中于基于互惠预期而发生的双向关系。

（1）围绕结构性嵌入的研究可以概括为两大议题，即强联系（strong tie）结构选择问题（也称为闭合，closure），以及弱联系（weak tie）结构选择问题（也称为结构洞structural hole）（Rowley et al.，2000；Ahuja，2000；Zaheer and Bell，2005；He，2006）。其中，closure思想认为，限定成员规模的封闭型组织策略，有助于培育共同文化、相互信任及建立高效的信息传递通道，从而完成快速创新；而结构洞思想认为，某些个体之间存在无直接联系或关系间断的现象，就好像整体网络结构中出现了洞穴，即结构洞，对结构洞进行修缮就等同于在被割裂的互补性能力体系之间搭建贯通桥梁，从而完成重大创新。相关实证研究也取得了较为一致的结论（Rysman and Simcoe，2008；de Lacey et al.，2006；Nooteboom et al.，2006；Moran，2005）：以渐进创新为目标的挖掘型网络组织（exploitation network）或是以执行为导向的任务（execution-oriented task），大多选择以强联系为特征的封闭型伙伴关系，因为强联系有助于实现快速的信息传递和相互信任，进而提高执行效率；而以突变创新为目标的探索型网络组织（exploration network）或是以重大创新为导向的任务（novel innovation- oriented task），更适宜选择以结构洞联系为特征的伙伴关系，因为连通互补性能力体系能够共享和创造高价值的非冗余信息，从而激发原创性思想，克服强联系模式下同类信息冗余的弊端。

（2）对于关系性嵌入，Granovetter（1985）提出可用四个指标来衡量关系的联系强弱，分别是互动频率、亲密程度、关系持续时间及相互服务的内容。虽然相关研究为数不多（McEvily and Marcus，2005；Moran，2005），但关系嵌入性在很多方面影响组织间的合作、资源的交换和组合、共享性知识开发等企业间紧密互动的效果。因此，如果说结构性嵌入描述的是伙伴间的合作形式（configuration），那么关系性嵌入则刻画的是更深一层的合作质量（quality），这两者是相互联系和不可分割的，但目前却缺乏对这两种嵌入策略的同时关注与动

态研究。

除了上述具有一般意义的铺垫性成果外，还有些学者更有针对性地以联盟组合为背景对其中的伙伴嵌入决策机制进行了探讨。例如，李天赋（2013）关注了技术标准联盟这一特殊的联盟组合形态，分析了核心企业在该类型联盟组合中的嵌入性选择及其对联盟竞争能力的影响机理问题（其中嵌入性分为结构性嵌入和关系性嵌入，竞争能力分为研发能力和市场能力）。其主要研究发现表明：①在承担着研发功能的子联盟中，当联盟成员的既有专利不能形成完整的技术标准方案，还需要开展以隐性技能共享和流转为特征的技术活动时，主要技术成员间倾向于建立强关系，以便更有助于技术标准联盟技术能力的提升；然而，当联盟成员已经具备制定技术标准所需的全部必要专利，对新加盟技术企业的研发能力要求不高（换言之，联盟核心研发企业与加盟企业只需要进行专利的交流），或者是新加盟的技术企业对技术标准的贡献比较弱的情况下，核心企业则倾向于与R&D联盟中的弱技术企业维持弱关系，以便节约联盟成本从而更有助于技术标准联盟技术能力的提升。②在承担着生产功能的子联盟中，核心企业倾向于与大型（或重要）终端企业维持强关系，这样更有助于技术标准联盟市场能力的提升；核心企业与小型终端企业及与技术配套企业之间，则倾向于维持弱关系，更有利于保持技术标准的市场扩散能力。③在联盟组合的结构性嵌入中，研究结果表明，相较于仅包含企业类成员的联盟结构，技术标准联盟中存在中介机构更有利于联盟技术能力和市场扩散能力的提升。赵红梅和王宏起（2010）针对R&D联盟网络的结构效应和关系效应进行了理论分析，并指出，联盟网络中节点及其联结关系均具有社会属性，可得出R&D联盟网络具有社会属性，也是社会网络的一种类型。从而运用社会网络理论研究R&D联盟网络效应具有可行性。具体而言，在结构效应方面，他们认为，R&D联盟网络一方面可以借助伙伴企业之间的契约或者合作协议，产生组织学习效应和知识转移效应；另一方面，也可以借助于网络位置效应（包括中心性效应和结构洞效应），来获取结盟机会和创造联盟优势；在关系效应方面，他们认为R&D联盟网络可以产生强关系效应和弱关系效应。

2）其他方面的治理机制研究

徐涛（2008）以高技术产业集群网络为研究对象，强调了信任和声誉机制是集群非正式网络治理机制的重要内容。他指出，集群网络的信任体系结构包括实践知识、理性计算、身份认同、制度和伦理道德五个层次，建立高绩效网络最重要的要求是信任或者社会认同，信任机制可以降低交易成本，更可以促进高技术企业之间的合作创新；此外，由于高技术集群网络以知识共享和协作为特征，具有网络开放性，所以声誉机制的扩散效应更为明显，声誉机制的重要含义在于扩大交易范围，为技术创新提供更多的资源选择，使潜在的交易对象可以演变为现实的可利用资源。张首魁和党兴华（2009）针对技术创新网络分析指出，建立在交易成本理论与组织理论基础上的网络组织治理阻碍了合作的创新性,从技术创新网络组织治理的目标出发,提出了基于耦合关系的技术创新网络组织治理逻辑,即技术创新网络组织应该采用松散的耦合结构治理、关系治理和契约治理来实现治理目标。一般认为,耦合是指两个或两个以上的体系或运动形式之间通过各种相互作用而彼此影响的现象。将技术创新网络看做由自主企业为基础不断升级与演化而形成的模块化复杂网络组织,则技术创新网络的运作取决于模块化节点间动态的交叉作用与相互影响,也就是模块间的耦合。除了建议技术创新组织采用松散的耦合结构治理和关系治理策略之外,作者还强调了契约治理的重要性,并指出网络治理机制的核心思想是设计相互制衡的制度安排,在反复互动的过程中适当遵守合作博弈的游戏规则有利于维持“可信性交易”契约对长期承诺的正式规定性,以及对违约惩罚的明确性,可以从制度上有效地限制机会主义行为(Dubois and Gadde, 2002)。缺少正式契约,很容易造成短期欺骗行为,降低合作的期望。正式契约规定了特定的情况、可采取的过程,控制了机会主义行为的转移。而所谓技术创新网络的契约治理,是指通过节点间合作前共同制定的正式的契约或正式的制度来治理合作创新活动,保证合作方的利益,惩罚机会主义行为。同时,合作技术创新活动的特点,决定了技术创新合作契约是一种动态的柔性契约,具有应对技术发展与市场环境变化的适应性。过聚荣和茅宁(2005)运用进入权理论对企业技术创新的网络化治理做尝试性分析与研究,他们认为企业是创新的主体,以知识经济为主要特征的经济全球化趋势,使企业技术创新将更多地依赖于网络组织,技术创新活动的相互依赖性大大增加。一方面以市场价格为主的协调机制存在明显不足,另一方面以契约为主的协调机制因合同的不完全性而难以奏效,因此,企业技术创新的网络化治理的目的是促进网络参与者对技术创新网络的专用性投资并维护其完整性,从而提升增强企业的竞争力。吉迎东等(2014)则关注了联盟网络中的知识权力的运用及其对技术创新网络中知识共享的影响机理。具体而言,由于知识权力在技术创新网络节点间多呈非对称分布,这一特征容易导致知识共享不足、知识泄漏风险加大,因此他们构建了知识共享主从博弈模型,分析了知识权力强弱各方的知识共享贡献率、创新绩效分配系数、组织间信任、已有知识基础对知识共享的影响,发现各方创新绩效分配系数与知识共享贡献率正相关,知识共享稳定系数对知识共享总量与创新收益均有积极影响,网络中知识共享得以进行的必要条件是知识权力强势方绩效分配系数与弱势方绩效分配系数之和的比值大于知识转化系数+1,绩效分配对知识权力强势方激励效应的敏感度低于对知识权力弱势方的敏感度。

此外,由于技术创新网络本质上是一种知识合作网络,技术创新网络中各节点企业所处的网络地位不同,占有的知识不均匀,必然导致网络中的一小部分企业发展速度快于其他企业,成为技术创新网络中的核心企业,而核心企业会对其他成员企业的决策、生产和经营产生领导作用（谢永平等，2012），因此，在网络层面来看，核心企业在知识治理中发挥着关键作用，需要对核心企业的网络知识治理活动进行深入分析。所以，有些学者专门从网络中的核心/领导企业角度，研究了联盟网络的治理。例如，王方等（2014）以中国高新技术企业为被试对象，通过开展问卷调查，探讨了技术创新网络中核心企业领导风格对网络成员创新氛围感知的影响。他们的研究结果显示：技术创新网络中，核心企业情境型领导风格对网络成员的创新支持感知和参与安全感知均有较高的正向影响，但对成员的愿景目标感知无显著影响；核心企业变革型领导风格对网络成员的创新支持感知有较高的影响，对成员的愿景目标感知有中度影响，但对网络成员的参与安全感知无显著影响。谢永平等（2014）从理论上分析了影响技术创新网络中核心企业知识治理绩效的因素，建立了核心企业知识治理的概念模型，并进行了实证研究。他们的实证结果显示：对知识的认知情况、核心企业的权力大小及整个网络的整合与协调情况是影响技术创新网络中核心企业知识治理活动的主要因素。

2. 联盟组合/网络的技术创新绩效方面

多数学者探析了联盟组合/网络策略对企业创新绩效的积极影响。例如，郑准和王国顺（2009）在研究企业外部网络结构对企业获取国际化知识的影响时认为，以弱联系为联结的联盟网络能够使企业接触到更多与国际化有关的信息，包括国际市场信息、国际商业合作信息和东道国政府政策信息；此外，当具有网络外部性的技术推向市场时，通过建立标准联盟网络有可能使企业更成功地实现知识商业化（即技术的产业化）。

也有学者联盟组合/网络对企业绩效的"双面性"。例如，Jiang等（2010）针对企业参与不同联盟从而形成其联盟组合的优势与弊端，结果表明：在能力和精力约束下，企业绩效与其构建的联盟组合的数量及联盟的多样性存在倒U关系，即参与过多联盟反而会降低企业的绩效。

除了以上直接揭示创新绩效的研究模式，还有学者尝试解释了联盟组合/网络的要素对各种绩效的影响机理。这方面的多数研究基于联盟网络的构型，即关系嵌入与结构嵌入的要素，来展开研究的。其中，关系嵌入的要素包括强/弱关系、关系质量，以及关系冗余度；结构嵌入的要素包括网络中心度、结构洞、网络密度，以及网络对等性。在联盟网络的构型对创新绩效的影响机理方面，主要研究成果如下：①在网络中心度方面，Powell等（1996）认为居于核心位置的企业具有利用网络获取创新资源提升其自身创新能力的优势。Ahuja（2000）证明了网络核心位置对创新产出的引导作用。Gay和Dousset（2005）发现网络中核心企业最容易产生突破式创新，这种突破式创新有助于网络整体创新能力的提升。与Gay和Dousset的研究类似，Antonelli（2008）认为核心节点通过技术创新提升自身绩效的同时借助于网络扩张知识扩散效应等促进网络内知识创新的加快以及网络整体创新能力的提升。②网络密度方面，赵炎和王琦（2013）针对联盟网络的小世界性的研究结果表明，网络密度对创新绩效具有正向影响，即网络密度越大其创新绩效越高。③结构洞方面，Burt（2009）提出了"结构洞"观点，并从网络结构角度，分析了嵌入对网络创新能力的影响，他认为行为主体拥有结构洞，就可以获得大量信息，提高自身的技术能力；如果行为主体缺乏结构洞，则其技术创新能力将受到制约。尽管很多学者的实证研究发现，富含结构洞的网络位置对企业创新绩效具有显著促进作用（Zaheer and Bell，2005），但也有学者的研究表明，企业占据的结构洞越多，其创新绩效反而越差（Ahuja，2000）。④关系强度方面（即强/弱关系），有学者发现，网络关系强度对企业创新绩效具有显著促进作用（Zaheer and Bell，2005），但也有研究指出太强的关系强度反而对企业创新绩效具有负面作用（Uzzi，1996）。还有其他学者在这四个要素的基础上进行了更为综合性的研究，揭示了更复杂的效应产生机理。例如，彭伟和符正平（2012）基于珠三角130家企业的问卷调查数据，实证分析了企业联盟网络特征对其创新绩效的影响及外部环境不确定性、内部资源与能力的调节效应。他们发现，企业联盟网络的关系强度对其创新绩效具有显著的正向影响；企业在其联盟网络中占据的中心性位置对其创新绩效也具有显著的正向影响；外部环境不确定性正向调节企业联盟网络的关系强度与其创新绩效之间的正向关系；内部资源与能力负向调节企业在其联盟网络中占据的中心性位置与其创新绩效之间的正向关系。

1.5　本章小结

本章采用文献综述和理论思辨方法对技术标准联盟这一新兴联盟形式的本质进行了探索性分析，从技术标准联盟的起源及其与两类较早出现并极易与之混淆的联盟形式——R&D联盟和专利联盟——进行比较分析的角度，我们提出了技术标准联盟的独有特征，通过对这些特征的分析及最有效的研究应对手段进行讨论，我们最终提出了技术标准联盟的本质应该是一种联盟组合——同时包含技术研发及产品产业化两项任务的联盟组合体。随后，对现有关于联盟组合的相关研究进行了简略梳理。

第2章 技术标准联盟的组织模式

2.1 研究背景与研究方法

2.1.1 研究背景

随着对国际竞争参与程度的日渐增大，中国的技术标准化战略已经被提高至国家竞争战略高度，但是联盟标准形成机制却明显滞后，技术标准联盟还属于新生事物。虽然已经出现了少量技术标准联盟案例，如通信行业的TD-SCDMA产业技术标准联盟、数字变频解码技术AVS标准联盟、家电智能互联技术闪联标准联盟、深圳的发光二极管（light emitting diode，LED）标准联盟、顺德市的"冷凝式热水器技术"标准联盟等。但从总体上看，这些联盟的创新效率及活力还存在局限，尚未成为制定技术标准和规范市场秩序的常用与有效手段。正如学者和实践管理人员所指出的，中国的技术标准联盟刚刚起步，在内部治理方面缺少经验，又面临国际标准体的竞争，且处于国内不完善的标准化体制之下，在通向成功的道路上还有很长的路要走。对于联盟创新效应的实现，其前期的有效组织具有决定性作用，因此，本章将重点关注国外和国内技术标准联盟的有效组织模式与运行机制问题，将研究定位于以下几个方面：首先，对国外技术标准联盟的典型组织模式、运行方式及效率机制进行介绍和梳理；其次，在探讨国内技术创新的制度和环境特征的基础上，归纳国内现行的技术标准联盟组建与运行机制，并分析国内现行联盟机制的特征及存在的问题；最后，提出改进建议。

2.1.2 研究方法

为了对技术标准联盟这一新兴的联盟形态的组织和运作进行探索性研究，揭示相关特征和规律，本章主要采用定性研究方法开展各项内容，具体将用到定性分析方法、归纳分析方法、案例分析方法等。

1. 定性分析方法

关于定性研究的定义，目前还没有一个统一的观点。国外学术界一般认为定性研究是指，"在自然环境中，使用实地体验、开放型访谈、参与性与非参与性观察、文献分析、个案调查等方法对社会现象进行深入细致和长期的研究；分析方式以归纳为主，在当时当地收集第一手资料，从当事人的视角理解他们行为的意义和他们对事物的看法，然后在这一基础上建立假设和理论，通过证伪法和相关检验等方法对研究结果进行检验；研究者本人是主要的研究工具，其个人背景以及和被研究者之间的关系对研究过程与结果的影响必须加以考虑；研究过程是研究结果中一个必不可少的部分，必须详细记载和报道"。近年来盛行的所谓质的研究方法，实际上也属于定性研究的范畴。

定性研究发端于19世纪，在20世纪20～30年代因社会调查运动而开始得到发展。早期的定性研究是从调查社会中的实际问题开始的。在社会调查运动中，定性研究仍是一种附带性工作，没有人意识到它的价值。但这种局面由于人类学的兴起而改变，人类学的兴起标志着定性研究开始作为一种独立的社会实践而存在。人类学研究因强调现场调查、人种志研究而使定性研究逐渐得到认可。

随着人类学研究的发展，定性研究在社会研究中的作用开始凸现。Lay（1936）提出了应强调在课堂研究中定量与定性方向的并重。而真正向社会研究中的定量化倾向发起挑战的是沃勒尔。他认为，儿童和教师不是教与学的机器，而是与复杂的社会联系须臾不可分割的一个完整的人，学校本身也是一个社会，因为人生活于其中（Waller，1932）。因此，他主张不要用统计等定量的方法来研究社会。1965年皮亚杰对"心理测验"提出了批评，认为只进行数量上的研究不从质量上分析是没有任何意义的（Piaget，1965）。与此同时美国的研究者提交了许多使用定性方法的论文，定性研究者与定量研究者出现了大量的对话，一些在定量研究界享有很高声誉的研究者开始探究定性研究的特点、规律并提倡应用。

运用定性研究方法，一方面有利于从整体上把握社会活动；另一方面有利于对社会现象有比较全面和正确的认识。但定性研究的局限性也是显而易见的。首先，定性研究对研究者的要求过高，这不是一般的研究人员所能达到的；其次，定性研究的主观性也的确存在，研究者的参与会导致角色和情感冲突，这也是一个应该考虑的因素；最后，定性研究必须经历一个相当长的时间，而且需要大量的资金投入。定性研究特别适合社会这类实践性比较强的学科。因为它强调对社会现象的深入了解，尊重实践者对自己行为的解释，有利于问题的解决和促进社会实践的发展。当然，我们强调加强定性研究的同时，并非否定定量研究。定量研究在中国也才刚刚开始，也应大力提倡。只是我们应克服那种非此即彼的做法，要把定量研究与定性研究结合起来，使社会研究方法从对立走向统一与多元，这应该成为我们进行社会研究必须遵循的基本原则，这也是社会教学研究方法发展的方向。

2. 归纳分析方法

所谓归纳分析方法或称为归纳推理（inductive reasoning），是在认识事物过程中所使用的思维方法。有时叫做归纳逻辑是指人们以一系列经验事物或知识素材为依据，寻找出其服从的基本规律或共同规律，并假设同类事物中的其他事物也服从这些规律，从而将这些规律作为预测同类事物的其他事物的基本原理的一种认知方法。它基于对特殊的代表（token）的有限观察，把性质或关系归结到类型；或基于对反复再现的现象的模式（pattern）的有限观察，用公式表达规律。

归纳推理有下面两种类型：①完全归纳法，是指从一类事物中每个事物都具有某种属性，推出这类事物全都具有这种属性的推理方法。②不完全归纳法，包括简单枚举法和科学归纳法两类。其中简单枚举法是根据某类事物的部分对象具有某种属性，从而推出这类事物的所有对象都具有这种属性的推理方法。例如，"金导电、银导电、铜导电、铁导电、锡导电；所以一切金属都导电"。前提中列举的"金、银、铜、铁、锡"等部分金属都具有导电的属性，从而推出"一切金属都导电"的结论。运用简单枚举法要尽可能多地考察被归纳的某类事物的对象，考察的对象越多，结论的可靠性越大，要防止"以偏概全"的逻辑错误。科学归纳法是依据某类事物的部分对象都具有某种属性，并分析出制约这种情况的原因，从而推出这类事物普遍具有这种属性的推理方法。科学归纳法有两种基本方法：①求同法，即把出现同一现象的几种场合加以分析比较，在各种场合中，如果有一个相同的条件，那么，这个条件就是在各种场合都出现的那个现象的原因，这叫做求同法。②求异法，即某种现象在一个场合出现，在另一个场合不出现，这两个场合只有一个条件不同，那么，这个条件就是出现这种现象的原因，这叫做求异法。

归纳推理的前提是一些关于个别事物或现象的认识，而结论则是关于该类事物或现象的普遍性认识。归纳推理的结论所断定的知识范围超出了前提所给定的知识范围，因此，归纳推理的前提与结论之间的联系不是必然性的，而是或然性的。也就是说，其前提真而结论假是可能的，所以，归纳推理是一种或然性推理。归纳推理只告诉我们，在给定的经验性证据基础上，怎样的结论才是可能的。

尽管归纳推理所给予的只是一种或然性的结论，但并不意味着这种推理是无价值的。事实上，在感官观察和经验概括基础上形成一般性结论的归纳推理过程，是对客观世界的新探索过程，是一个获得对客观世界的新认识的过程，没有这个过程，科学的发展几乎是不可能的。所以，归纳法是获得新知识的基本方法。

归纳的过程可以分为三步：一是搜集和积累一系列事物经验或知识素材；二是分析所得材料的基本性质和特点，寻找出其服从的基本规律或共同规律；三是描述和概括（做出系统化判断）所得材料的规律和特点，从而将这些规律作为预测同类事物的其他事物的基本原理。其中，第一个步骤是铺垫，而后面两个步骤是归纳法的核心，换言之，通过观察、实验等方法得到的经验材料，需要经过加工整理才能形成科学的结论，而整理经验材料的方法有比较、归类、分析与综合及抽象与概括等，也就是归纳的过程，具体如下。

（1）比较。比较是确定对象共同点和差异点的方法。通过比较，既可以认识对象之间的相似，也可以了解对象之间的差异，从而为进一步的科学分类提供基础。运用比较方法，重要的是在表面上差异极大的对象中识"同"，或在表面上相同或相似的对象中辨"异"。正如黑格尔所说："假如一个人能看出当前即显而易见的差别，譬如，能区别一支笔和一头骆驼，我们不会说这人有了不起的聪明。同样，另一方面，一个人能比较两个近似的东西，如橡树和槐树，或寺院与教堂，而知其相似，我们也不能说他有很高的比较能力。我们所要求的，是要能看出异中之同和同中之异。"在进行比较时必须注意以下三点：①要在同一关系下进行比较。也就是说，对象之间是可比的。如果对不能相比的东西来勉强相比，就会犯"比附"的错误。②选择与制定精确的、稳定的比较标准。例如，在生物学中广泛使用生物标本，地质学中广泛使用矿石标本，用它们来认证不同品种的生物和矿石，这些标本就是比较的标准。③要在对象的实质方面进行比较。例如，比较两位大学生谁更优秀，必须就他们的思想品德、学习成绩、实践能力等实质方面进行比较，而不是就性别、籍贯、家庭贫富等方面进行比较。

（2）归类。归类是根据对象的共同点和差异点，把对象按类区分开来的方法。通过归类，可以使杂乱无章的现象条理化，使大量的事实材料系统化。归类是在比较的基础上进行的。通过比较，找出事物间的相同点和差异点，然后把具有相同点的事实材料归为同一类，把具有差异点的事实材料分成不同的类。归类与词项的划分是有区别的：①思维进程的方向不同。词项的划分是从较大的类，划分出较小的类。而归类则相反，它是从个体开始，上升到类，再上升到一般性更大的类。②作用不同。词项的划分是为了明确词项。归类则是把占有的材料系统化的方法。更为重要的是，由于正确的分类系统反映了事物的本质特征和内部规律性的联系，因而具有科学的预见性，能够指导人们寻找或认识新的具体事物。

（3）分析与综合。分析就是将事物"分解成简单要素"。综合就是"组合、结合、凑合在一起"。也就是说，将事物分解成组成部分、要素，研究清楚了再凑合起来，事物以新的形象展示出来，这就是采用了分析与综合的方法。例如，分析一篇英文文章的结构，先是得到句子、单词，最后得到26个字母；反过来，综合是由字母组成单词、句子，再由句子组成文章，这些是文法所要研究的题材。分析和综合是两种不同的方法，它们在认识方向上是相反的。但它们又是密切结合、相辅相成的。一方面，分析是综合的基础；另一方面，分析也依赖于综合，没有一定的综合为指导，就无从对事物做深入分析。

（4）抽象与概括。抽象是人们在研究活动中，应用思维能力，排除对象次要的、非本质的因素，抽出其主要的、本质的因素，从而达到认识对象本质的方法。概括是在思维中把对象本质的，规律性的认识，推广到所有同类的其他事物上去的方法。

3. 案例分析方法

案例分析方法是一种运用历史数据、档案材料、访谈、观察等方法收集数据，运用可靠技术对研究对象进行分析，从而得出带有普遍性结论的研究方法。它是一种分析性归纳方法，从个别到一般，通过对现实中某一问题的深入剖析，得出具有普遍意义的结论。

综上，本章将综合运用定性分析、归纳分析、案例分析等各种性质研究方法对技术标准联盟的组织和运行规律进行探索性分析。其中定性分析和理论分析的主要任务是收集相关文档资料、案例素材等各种经验材料，然后运用归纳方法，帮助我们从这些经验材料中提炼出技术标准联盟的一般性组织模式和运作规律，从而对认识其本质进行尝试。

2.2　国外技术标准联盟的组织与运行

2.2.1　典型的组织运行模式与效率分析

技术标准联盟的独特属性在于其特殊的战略目标，而支撑目标得以实现的是其区别于传统联盟的伙伴结构和组织形式。正如相关文献及管理实践所表明的，在成员构成方面，技术标准联盟中通常同时包含横向伙伴和纵向伙伴，其中横向伙伴构成研发网络，主要负责技术标准的专利共享与开发，而纵向伙伴则构成生产和应用网络，主要负责技术标准的产业化和市场扩散。

尽管技术标准联盟中的伙伴可以划分为横向和纵向关系，但是具体成员构成及相互关系还是存在某些明显差异的，从而形成了不同类型的组织方式与形态。基于大量国内外技术标准联盟案例，依据标准的发起人、标准的制定者、标准的运营管理机构三个重要角色的实施主体，本书将技术标准联盟的组织运行模式划分为政府主导型、企业主导型及行业协会主导型三种类型，各种类型之下包含更为具体的联盟模式。

1. 政府主导型

特定的制度环境（如中国向市场经济转型的制度阶段）、特殊的行业或技术领域（如国家战略性行业或产业共性技术），政府在标准化战略中发挥着决定性作用，可以说，没有政府的组织和前期运作，技术标准很可能就无法诞生。这种模式被称为政府主导型，但并不意味着政府是标准化全过程中的唯一主体（完全公共物品属性的标准不做讨论），而需要借助其他组织（行业协会或者企业）的参与，共同完成技术标准的形成和确立。

1）典型模式：政府发起标准+行业协会制定标准+企业运营标准

这种技术标准联盟组织模式可以概括为，政府为召集人，组织直接相关的重要企业进行协商，并在其全面参与下完成技术标准方案的确定，对标准的诞生起到决定作用；随后，交由行业协会或产业联盟进一步落实标准的实现任务；至于标准的许可，可由相关企业自行管理或者是交由协会统一管理。这是历史上第一个成功的技术标准联盟所采用的组织模式，即GSM标准联盟。中国的TD-SCDMA产业技术标准联盟也采用了相似的组织模式，只是TD联盟还尚未最终成功，还处于标准制定过程中，因此下面以GSM为例进行介绍。

20世纪80年代中期，欧洲在许多领域的竞争力已落后于美国和日本，欧盟决定把移动通信作为一个突破口，酝酿发起建立第二代移动通信技术GSM计划。最开始的标准起草和制定准备工作由欧洲邮电管理委员会（Confederation of European Posts and Telecommunications，CEPT）负责管理（具体工作由一系列"移动专家组"负责）。CEPT是欧盟的邮政及电信业务主管部门，在欧洲的邮政与电信产业发展中起到了重要作用。除了启动GSM研究项目之外，在GSM的发展过程中，CEPT还担负了举行政治磋商以协调各成员不同意见的职能，包括技术上与产业政策上的不同意见，并成功地在1987年协调成员达成一致，在丹麦哥本哈根签署了GSM谅解备忘录，并确定了GSM最重要的几项关键技术。作为政府部门的CEPT对GSM标准的诞生发挥了决定性作用。一直到1989年，欧洲电信标准协会（European Telecommunications Sdandards Institute，ETSI）才从CEPT接手GSM项目，继续推进GSM的标准制定工作。在GSM标准确定以后的发展过程中，支持GSM标准的公司（Motorola、Eriesson、Nokia、Siemens、Aleatel等）加强研发活动，不断开发出新的GSM专利技术。ETSI负责评定构成技术标准的必要专利，并进行颁布。GSM技术的生产许可和市场扩散是由各个专利持有人自行实施的，但是ETSI要求专利持有人对外许可时应采取"公平、合理、非歧视原则"（Fair, Reasonable and Non-discriminatory，FRAND）。这表明，行业协会ETSI继续从事GSM标准的制定和规范，但标准的生产和市场扩散是由企业自行实施的。

2）政府主导型技术标准联盟的典型效率机制——克服市场失灵

从专利角度看，专利是构成技术标准的核心要素，在产业分工、企业专业化程度日益加深的产业环境下，一项技术标准往往包含成千上万项技术专利，这就很容易进入专利丛林困境。以美国为例，在专利丛林现象最为严重的计算机技术领域，与计算机微处理器相关的专利达九万多个，而这些专利分别被一万多个产权人分别持有，这意味着，生产企业若想开发一种计算机产品就必须分别得到这些权利人的许可才可以实施。因此，当上游专利权人数量众多时，下游专利权人需要通过成千上万道专利许可使用门槛，才能最终完成新产品的开发，这就很容易产生专利使用不足的问题，进而导致社会资源浪费，也就是专利丛林问题。借助企业联合共同推进技术标准化的协调方式，可以达到消除专利实施中的授权障碍、节约许可中的交易成本、提高专利技术使用率、加速技术标准的形成与应用等优势，但问题在于，单纯依靠市场使企业自发组成基于专利的联合体是很难实现的，尤其是当前中国正在经历从传统计划经济向市场经济转型的过渡阶段，基于市场的新型制度和企业间关系尚未真正形成，企业间严重缺乏自发合作行为。在这个阶段，传统的差序格局和低水平的信任结构仍然占据主导地位，企业习惯于传统的独立竞争思维而缺乏合作意识，这在相当程度上阻隔了人际信任规模的大范围扩张，进而对组织间的知识共享和信息传递造成严重损害。在这一阶段，既然政治资本在市场竞争中发挥的作用大于社会资本，所以政府推动下的技术创新更具实现的可能性，而且政府可以在以下几个方面发挥积极作用：①在政府的参与和推动下，创新企业之间可以形成有助于标准创新的强联结；②政府可以借助政治资源（政府信誉、购买力等）帮助降低创新风险，提高企业创新的信心；③有利于促进相关企业之间关键知识、资源的交流、扩散和共享，资源利用率较高；④在政府的带动和支持下，创新企业会形成比较稳定的合作结构，从而提高创新效率。

3）国内外的对比分析及发展对策

对于政府主导型组织模式，在国外，除了特殊行业或重大标准，这种组织模式已经渐趋退出，但是在国内却是主流，不仅国家层面，就是地区层面和企业层面，也广泛渗透着各种形式的政治资源和行政干预。这是中国所处经济转型时期特殊的制度环境所决定的，企业尚未完全脱离传统计划体制下的经营模式，国有大中型企业缺乏竞争意识和技术创新驱动力，民营中小企业具有企业家精神却往往面临资源瓶颈，于是，以知识密集、资本密集为特征的系统性探索式技术创新的发动与推进，就还需要政府发挥一定的组织和协调功能，然后选择恰当时机退出，将后续创新活动转移给市场主体。当然，对于技术创新的成果，政府可以借助政府采购等手段辅助技术扩散，这种产业发展扶持模式在其他国家也是常用的，如当年美国政府就是通过研发资助及政府采购行为对其半导体产业进行了扶持。但是，需要注意的是，随着"大市场小政府"经济改革的日趋深入，基于市场机制的技术创新必然将成为主导力量，以实现真正的活力和效率，因此，政府应注重市场创新主体（如行业协会、企业联盟等）的培育及环境建设，从制度设计、政策引导等角度构建长效机制，必要时可以借助相关部门的亲历亲为等过渡手段，切实加快转变速度。政府在对技术创新进行干预时，需要注意选择恰当的介入时机、介入方式和介入程度，否则会适得其反，阻碍技术创新的实现和良性循环，或者产生次级技术标准。有效的政府介入包括以下几个基本方面。

（1）选择恰当的介入时机。从技术标准的生命周期阶段看，政府适合在初始的技术标准酝酿、发起和组建等阶段参与，并积极发挥其组织协调作用，将持有相关专利或技术能力的重要企业和其他机构组织到一起，形成合作创新团队。对于成员之间出现的主要冲突矛盾，政府应出面协调化解，保证联盟顺利运行和技术创新活动平稳实施。当联盟成员解决了主要矛盾、经过了磨合、能够自觉推进联盟任务之后，政府就可以选择恰当时机退出联盟，使其按照市场机制运作。

（2）选择合适的介入方式。介入方式分为直接介入和间接介入两种类型，前者是指政府以派遣人员参与联盟、政府采购、监督等方式直接推动和干预联盟；后者则是指政府以领导视察、政府奖励、研发资助等方式间接影响联盟的发展。直接介入可以在最大程度上增强合作成员的信心，但是容易导致创新联盟的开放性差、决策效率低、对环境的动态适应性有局限等弊端；间接介入对联盟的支持力度相对较弱，但是可以给予联盟更大的自主决策权，保证技术标准的市场适应性。政府在技术标准发起阶段担当组织协调功能时，适合于采用直接介入方式，但是当技术标准的技术方案基本确定之后，政府就应该适时将介入方式从直接介入转变为间接介入，不宜对技术标准的制定、完善和以市场为基础的技术扩散进行直接干预，而是在需要时提供必要的间接支持。可见，政府介入方式对技术标准及联盟体的环境适应性、自动更新与持续升级能力、市场竞争力水平等关键指标具有重要影响。

（3）选择有效的介入程度。介入程度过多，会使企业产生惰性，对政府资源形成过度依赖，从而降低甚至丧失创新责任感；介入程度不足，又会导致企业承担的创新风险过大而削弱创新积极性，无法形成技术标准联盟。所以，当政府在特定时机选择了直接介入或间接介入方式之后，还需要进一步确定介入的程度，保证联盟能够组建并有效地开展技术标准创新行为。

2. 企业主导型

1）模式一：企业发起标准+企业共同组建标准+企业代表或共同委员会运营标准

这种组织运行模式可以概括为技术标准的发起人是行业内的龙头企业；标准的制定者是拥有必要专利的相关企业，这些企业形成联盟体并在协商与谈判机制下对成员的必要专利进行评定、筛选和打包；对专利包或技术标准方案的管理往往不另设机构，而是由联盟成员委托一个核心企业或者是组成共同委员会对知识产权进行管理，包括在联盟内部成员之间实行免费的交叉许可，对联盟外企业实行收费性许可并收取许可费用，对收益进行分配，以及处理许可过程中发生的知识产权纠纷。

典型案例是日本的DVD技术标准联盟，也称为3C和6C联盟。3C是1998年由索尼公司联合飞利浦、先锋共同成立的，2003年LG加入3C联盟，成员各自贡献所持有的相关专利技术并捆绑打包，联盟委托其成员飞利浦公司统一负责知识产权许可与管理事务。6C联盟是1997年由日立、松下、三菱、时代华纳、东芝、日本JVC共六家企业发起成立的，后在2002年IBM加入联盟，2005年三洋和夏普也加入该联盟，所有成员将各自持有的有关DVD专利进行共享，对内在联盟成员之间实行免费的交叉许可，而对外的共同专利许可契约则委托东芝公司统一管理。这种类型的技术标准联盟还有一个特点，就是联盟成员通常是固定不变的，因此也被称为封闭式（或条件性开放）联盟，即联盟一旦形成，就不再轻易接纳新的专利所有人（或者是满足资质条件之后可以加入）。例如，3C和6C联盟自成立至2015年，分别只发生过一次和两次成员扩充，而且新加入的企业数量非常有限。

2）模式二：企业发起标准+企业共同组建标准+第三方专利管理公司运营标准

这种技术标准联盟的组织运行模式可以概括为：技术标准的发起者仍然是龙头企业；标准的制定依然需要召集持有必要专利的其他企业参与专利打包和标准组建；所不同的是，打包之后所形成的技术方案的知识产权政策不再由专利池成员协商制定，而是交由专门负责知识产权管理的独立实体（有时专利管理公司会从标准制定阶段开始运作），专利池成员首先与该独立实体签署专利授权协议，再由该独立实体统一负责知识产权许可事务。其中知识产权管理实体主要是专业的专利管理公司，如MPEG-LA公司等。

一般情况下，管理公司的职责包括评价专利的必要性、吸纳符合条件的新的专利所有人、协调各个专利所有人及与第三方被许可方商讨许可费。对知识产权进行管理时，专业管理公司会遵循某些国际原则，如FRAND原则，这也是多数标准化管理组织与反垄断机关的原则要求。其中，公平原则要求专利池不得无故拒绝许可以限制新的厂商进入；合理原则要求许可条款特别是专利许可费率应当合理；非歧视原则要求专利池对任一被许可厂商应当一视同仁，不得因为所属国别、规模大小等原因而厚此薄彼或拒绝许可。

例如，RFID联盟在制定和推行RFID技术标准的过程中，聘请了MPEG-LA对联盟的专利许可过程进行管理。RFID技术标准联盟有10家RFID龙头企业为联盟创始人，包括Alien Technology、Symbol Technologies、Avery Dennison、Thingmagic、Moore Wallace、AWID和Zebra等，经过3年的发展，成员扩充至20多家供应商和制造商，但是复杂的技术专利评价、选择、打包、许可等知识产权管理却比较混乱，被声明的专利数量过多，以至于对联盟自身和整个市场的正常发展造成了隐患。于是RFID联盟聘请了MPEG-LA专利管理公司负责专利技术的管理，评估和决定哪些专利对RFID标准是关键的，并在FRAND原则下发放RFID技术的联合专利许可证。对于许可收入，MPEG-LA公司从中收取小部分作为管理费用，绝大部分都返还给各自的专利权人。

聘请专业管理公司专门管理联盟中的知识产权评价与许可事务过程中，一旦有符合条件的外部专利（如实施相关技术标准所需的必要专利），管理公司就会邀请其专利所有人加入联盟，因此，在这种运行模式下，技术标准联盟的成员随时都可能有增加，所以这种组织模式也被称为开放式联盟。由于缺乏专业的专利池管理公司，这种联盟组织模式和运行机制在国内还尚未成形。

3）企业主导型技术标准联盟的典型效率机制——克服政府失灵

上一小节已述及政府在技术标准创新战略中具有的重要作用，但是，由于天然约束及自身缺陷，政府在某些方面会处于"失灵"状态，表现为政府本身对技术变化方向缺乏足够的把握能力，在进行相关信息收集和处理方面，很可能会选择某些劣质标准；而且，由于技术标准中往往不得不包含某些企业的专利技术，于是政府的强制干预会损害相关企业的利益。对于上述政府失灵，企业主导型技术标准联盟则可以进行有效弥补：①可以借助准市场机制制定标准，并依靠市场竞争机制保证技术标准的质量、提高制定效率、加快技术创新速度；②通过向政府和法定标准机构宣传自身技术标准的优越性，说服政府将其技术方案制定成为法定标准，提高社会福利水平及进步速度、提升行业及国际竞争力；③通过在成员企业间宣传政府相关的法律法规并积极实践，有效帮助政府降低在该领域的制度推行成本；④对于政府制定的不合理政策，企业联盟可以作为行业代表向政府提出合理化修改要求，促进社会的良性发展。

因此，一方面，作为技术标准的制定主体，企业可以对政府形成有效补充，弥补其功能失灵；另一方面，企业与政府也可以相互协作，尤其是在共同推动复杂的系统性技术创新并建立技术标准方面。例如，很多的大型集成技术标准往往涉及国家利益竞争，于是，政府常常会对企业开展的基础研究和应用研究进行资助。

4）国内外的对比分析及发展对策

企业主导的技术标准联盟组织模式在国外使用较为普遍，而国内则尚未成为主流。根本原因在于，我国的技术创新制度和环境与国外存在很大差别，表现为：一方面，国外市场机制发达，企业具有自发识别市场需求并率先发起技术创新以获取竞争优势的内生驱动力，而国内的市场机制尚不健全，竞争压力无法被有效传导至企业并形成技术创新的内在驱动力，即使有少量企业具有创新动机（如民营企业），但却通常面临无法从市场获取必要资源的瓶颈；另一方面，受到以差序特征为主的传统文化的影响，国内的个人与企业都还处于低度信任结构之下，企业之间缺乏合作创新的意识和积极性，企业习惯于传统的独立竞争思维，所实施的行为也主要表现为私利性的挖掘、利用、模仿，甚至是抄袭和窃取，探索式技术创新被认为是无效率的，组建技术联盟也被视为是会产生大量沉没成本的危险行为。以上两方面原因，导致了我国微观层面技术创新知识资本的整体匮乏，而且没有真正形成支撑探索性技术创新的环境条件。综上，尽管以企业为主导而自发组建并运作技术标准联盟是最具技术标准创新效率的组织机制，而且在国外被广泛应用，但是国内还亟待推广，需要借助构建企业间联盟创新制度等改革措施加快转变速度。

（1）在制度构建方面，应关注基于市场的规则治理方式的构建，通过强化明晰的产权制度和知识产权保护制度等，尽快使经济机制从以关系治理为主要特征的前期阶段过渡到以规则治理为主要特征的后期阶段，实现从以政企间关系治理为主向以企业间关系治理为主的转型，从根本上形成以企业为核心的技术创新选择和创新导向。

（2）在微观层面，应促使企业转变意识，令其主动感知市场竞争压力并响应竞争力对异质化信息的需求，通过与其他企业逐步建立社会资本以形成信任，或者是借助于规则与合约构建内部治理机制，尽快将生存和价值创造方式从独自竞争模式转变为基于企业网络的合作竞争模式，积极组建或参与技术标准竞争战略，以实现长期的、高质量的可持续发展。

3.行业协会主导型

1）组织运行模式

国外的技术标准制定工作由各国的行业协会、商会等非营利性组织承担是非常普遍的。例如，国际标准化组织（International Organization for Standardization，ISO）及其制定的系列标准、蓝光光盘协会（Blu-ray Disc Association，BDA）制定的下一代存储介质技术标准等，均是某国的行业组织，或者国际性行业组织根据国际市场的需要制定的。由于协会比政府部门更贴近企业、贴近市场、贴近国际最新动态，因此它们制定的技术标准更具有市场生命力。行业协会主导的技术标准联盟组织模式可以概括为：以协会（已有或新建）为平台，会员企业在自愿原则下组织联盟并发起技术标准，然后借助协会平台召集其他必要专利、管理技术许可、推进标准扩散，并维护联盟标准权益。行业协会通常会设置规范的组织架构以保证有序运行，基本采用开放规则但制定会员管理制度。需要指出的是，同一协会的会员可能会组成不同联盟并各自发起具有替代性的技术标准方案，如同属于DVD论坛（即日本的DVD行业协会）的成员，在下一代DVD存储技术标准上，存在严重分歧，其中索尼等9家公司主张并发起了蓝光光盘标准，而东芝等公司则提出了HD-DVD（high definition DVD，即高清光盘）标准。最终，蓝光光盘标准在市场竞争中胜出，成为下一代DVD存储技术标准。

关于蓝光光盘标准及其联盟，2005年，由索尼、飞利浦等9家企业组成的蓝光光盘工作组宣布创建成立蓝光光盘协会。蓝光光盘协会以原工作组为根基，实行自愿入会制度，面向任何有志于创建、支持和/或推动蓝光光盘格式的企业或组织开发。组织结构分为三层，即最上层是董事会，由苹果、戴尔、惠普、日立、LG、三菱、松下、先锋、飞利浦、三星、夏普等19家发起企业构成；中间层是三个执行委员会，分别为联合技术委员会（下设5个技术专家组）、合规审查委员会（下设测试规范、系统兼容、验证服务3个工作组）、促进委员会（下设美国、欧洲、亚洲3个技术推广工作组）；下层是会员，分为三个等级，即理事会员、荣誉贡献会员和普通会员。其中理事会员可参加协会组织的所有活动和会议，包括制定协会的总体战略和批准重大事项等活动，年费为50 000美元；荣誉贡献会员可参加一般性的会议和研讨会、技术专家工作组和区域促进工作组组织开展的活动，以及合规审查委员会组织开展的大多数活动，年费为20 000美元；普通会员可获取委员会对相关问题讨论的特定信息，可参加一般性的会议和研讨会、特定区域促进工作组组织开展的活动，以及合规审查委员会组织开展的活动，年费为3 000美元。协会对蓝光光盘技术标准的研发和扩散发挥了至关重要的作用，运行3年后即获得了市场竞争的优势地位，HD-DVD等替代性标准被挤出市场。

2）行业协会主导型技术标准联盟的典型效率机制——同时克服市场失灵和政府失灵

行业协会是指介于政府、企业之间，从事服务、咨询、沟通、监督、公正、自律、协调等功能的社会中介组织。行业协会是一种民间组织，不属于政府的管理机构系列，是政府与企业的桥梁和纽带。行业协会具有一系列职能，其中与技术标准战略相关的包含五项职能，分别为：①代表职能，即代表本行业全体企业的共同利益；②沟通职能，即作为政府与企业之间的桥梁，向政府传达企业的共同要求，同时协助政府制定和实施行业发展规划、产业政策、行政法规和有关法律；③协调职能，即制定并执行行业规范和各类标准，协调本行业企业之间的经营行为；④监督职能，即对本行业技术水平、产品和服务质量、竞争手段、经营作风进行严格监督；⑤公正职能，即受政府委托，进行标准推荐和确认、资格审查、签发许可或合格证照等。

行业协会作为一种介于政府和企业之间的中介组织，而且能够有效联合企业和传达政府信号，所以当行业协会具有健全功能时，其可以凭借对企业的有效联合而形成技术标准联盟，解决专利丛林问题，并克服市场失灵困境；其还可以凭借与政府的密切联系与沟通获得政府的支持，或者获得政府委托，代为执行某些政府职能，从而可以克服政府失灵问题。国外的行业协会较为发达和健全，因此，在国外的各种技术标准形成机制中，行业协会均发挥着非常明显且重要的作用。

3）国内外的对比分析及发展对策

行业协会主导型组织模式，本质上也是基于市场机制的组织方式。虽然在国外是常用的市场规范手段，而在我国，行业协会在标准化战略中所发挥的作用还非常有限。可以说，行业标准在发达国家是完全自愿的协会级标准，而在我国却带有非常浓厚的政府管理色彩。

行业协会主导型组织模式在国内之所以缺乏有效性，主要原因在于：①国外的行业协会是由行业内的一批龙头企业组成的,因此天然具备很高的行业影响力;而国内的行业协会则不同,成员复杂但多数成员并不拥有对市场的直接影响力,而且存在严重的功能缺失甚至是组织机构缺位,所以往往是由政府部门代为行使行业协会功能。②国外的技术标准制定遵循的是市场化原则,以市场需求为基础,以市场化自愿组织为途径,政府和标准化管理机构无须下达指令性计划,行业协会、学会、制造商和个人都可以编制有前景的技术标准方面的规则,通过规定的审查程序就能成为正式标准;而国内的指令性强,行业协会及其成员在标准化工作中的重要作用被严重忽略,也没有调动企业的积极性,不仅标准立项相互冲突,而且技术内容重复交叉,有些标准制定出来后用处不大,标准水平低,标准往往标龄过长而导致技术滞后。加入世界贸易组织(World Trade Organization,WTO)后,我国产品大量进入国际市场参与国际竞争,然而与国际接轨的标准却很缺乏,导致大多数企业采用的是等效的国家标准(GB),或者是国外的行业协会标准,以至于企业内应用的标准五花八门,非常不利于管理和产品品质的提高。鉴于以上分析,本书认为,行业标准转化为协会标准是我国经济转型过程中极为重要的配套工程,应加快建立行业协会自愿性标准体系与运行机制,以进一步完善和健全我国的技术标准形成机制。关于改进行业协会在技术标准战略中的职能,主要的发展对策包括如下几个方面。

(1)使"去行政化"职能改革得到完整执行。应该在"三脱钩"基本完成的基础上,进一步加大职能分离和转移的力度,当行业协会履行某些行业治理功能具有比较优势时,就应该由政府授权或者委托行业协会履行,最终使行业协会能够真正自主发展,实现其行业公共治理功能,尤其是在促进产业技术进步、实施标准化战略方面,发挥协会的组织、协调、监督等重要功能。

(2)优化行业协会的治理机制。基于市场机制的行业协会应该通过自身努力,通过选择有效的治理机制,摆脱传统行业协会的两大困境,即从政府"转制"过来的管理模式和经费过度依赖于政府补贴。解决这两个问题的根本在于,行业协会应克服主动性缺失这一积习,积极地以市场为基础,确定自身的职能定位,培养自身的竞争意识和独立自主能力。当然,这是一个渐进过程,在金融市场不完全开放等经济环境制约下,单纯依靠民间企业能力是不能圆满解决行业协会的财政问题的,所以完全脱离政府是不现实的,因此其发展策略可以概括为:适度依靠政府财政的支持,但在最大程度上发挥独立性和自主性。

(3)强化行业协会自身在推进技术创新中的基础功能。行业协会推进行业创新的基础功能可以分为事前的信息平台、技术学习与交流网络建设和共性关键技术扶助,事中的质量整治、技术培训、标准认证,以及事后的技术检测三个方面。只有建立起上述功能,行业协会才能够为行业内企业针对共性产业技术制定标准提供有效支持,建立地方性行业标准或者直接参与国家标准的制定,有力地推动行业发展。

2.2.2　新兴的组织运行模式与效率分析

正如上一小节内容所述，目前，技术标准的制定与推广已出现多种组织模式，如政府主导模式、基于核心企业的企业联盟模式、行业协会模式等，不同的组织模式具有不同的运行规则，并直接决定着技术标准的研制路径、扩散模式及确立效率。在以上各种组织模式之外，国外在实际运作中还出现了另外一种组织方式——以某个专业的第三方专利管理公司为协调中心来组建技术标准。尽管这种技术标准组建模式在实业界已得到应用，并产生了运作极为成功的代表性公司——MPEG-LA专利管理公司，但是对于此种模式的理论研究却非常滞后，尚未有学者对这种组织模式的建立、运行和效率进行研究。因此，本书尝试对基于第三方专利管理公司的技术标准组建模式的运作流程与效率机制进行探索性的梳理和分析。

1. 第三方专利管理公司在技术标准建立过程中的运行模式

1）概述

第三方专利管理公司是一个独立机构，既不从属于专利权人，也不是政府机构；既不是专利权人也不是专利被许可人。技术标准的组建过程是通过专利管理公司作为中介而完成的，其采用的是"一站式标准专利技术准入"的专利管理模式，并以此为基础实现技术标准的制定和市场扩散。它通过召集专利技术、组建专利池、打包许可给用户，使用户从多方专利权人手中以单一的交易方式获取适用于专门产品的技术标准使用权，而无须与每一个专利权人分别谈判。

2）具体运行流程

在以第三方专利管理公司为协调中心的技术标准组建过程中，该公司的主要任务及运作流程可以归纳为以下四个方面。

（1）发出制定技术标准的号召。专利管理公司受某个（或某些）专利权人的委托，尝试建立某个行业性技术标准。专利管理公司和委托人达成协议之后，向全社会公布拟建立技术标准的基本内容，公开召集拥有相关专利技术的企业贡献专利，以期筛选构成技术标准所必需的基础专利和重要专利，构建完整的、可执行的技术方案。

（2）收集和评估必要专利并形成专利包。发出公开号召后，专利管理公司将接收到大量由相关企业报送的备选专利，这些专利将由专利管理公司中设置的专业性专利评价机构进行评定，筛选出构成技术标准所必需的基础专利和重要专利。为了保证评定工作的科学性和公正性，该评估机构的成员往往是标准所涉及技术领域的专家。评估后被确定为必要专利的一系列专利技术就构成了技术标准的基础方案，再经过兼容性与集成性、实用性与先进性等因素的综合考量之后，形成最终的技术方案，并表现为一个由若干专利所组成的专利包。当然，专利包的内容不是固定不变的，当有新专利申请加入时，专利管理公司会随时进行评估，保证技术标准的动态更新。需要注意的是，一旦企业所提交的专利被确认为必要专利，专利管理公司就会与该企业进行谈判并签署专利转让或许可合同，也就是将自己所拥有的专利转交给专利管理公司进行统一管理。

（3）对外许可专利包以实现产业化。完成了技术标准的专利包打包任务之后，专利管理公司就会将专利包进行生产许可。有意向使用该专利包的生产企业，需要向专利管理公司提出许可申请，并按照规定签署许可合同、缴纳合同中所规定的专利包使用费。提出申请的生产企业可以是贡献了专利的具有生产功能的企业，也可以是没有贡献专利的其他生产企业。专利管理公司针对这两类企业设置了不同的许可费制度，如对技术标准的主要发起企业可以免收许可费，对于次要专利企业收取适量费用，而对于纯粹的生产企业则制定统一的、公平合理的收费价格。

（4）收取许可使用费并进行分配。对外许可之后，专利管理公司按照合同条款收取生产企业缴纳的使用费，在提留必要的管理费用之后，将剩余收益向有贡献的企业进行分配，分配比例已事先规定于合同之中，是专利企业向专利管理公司转让或许可专利时通过谈判而确定的。这种由第三方管理公司统一回收费用并进行分配的方式，可以显著减少成员企业之间的定价纠纷和分配矛盾。

上述运作流程可以概括为图2.1所示的概念模型。

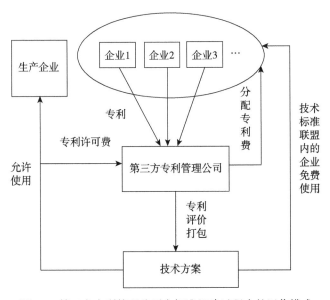

图2.1　第三方专利管理公司在标准组建过程中的运作模式

2. 案例分析——基于MPEG-LA专利管理公司的ATSC技术标准的建立

1）关于ATSC标准

ATSC是美国数字电视国家标准，于1995年由美国先进电视系统委员会（Advanced Television System Committee，ATSC）通过并确认为国家标准。它的第一个专利于1990年开始申请，后来陆续有新专利产生并进行申请。在1995年美国数字电视发展出现了一个高潮，这使那段时期的相关专利数量持续快速增长。2000年以后也出现了一定数量的专利申请，说明ATSC标准的性能是保持了动态更新和不断成长的。

在ATSC标准的组建过程中，ATSC专利池主要是由MPEG-LA专利管理公司组建并运营管理的。在2004年，MPEG-LA专利管理公司开始向全社会公开征集ATSC数字电视标准的必要专利，旨在组建MPEG-LA ATSC专利池，各大企业纷纷加入并承诺所提交的专利均为必要专利。MPEG-LA专利管理公司于2005年将上述专利交于由Kenneth Rubenstein率领的世界范围内的独立专家加以评估，确定上述专利的有效性。最终确定该标准总共包括92项专利，涉及21个国家，包括7位主要的专利权人。从ATSC专利所属的国家和地区分布来看，涉及范围比较广泛，除了美国，还涉及南美、欧洲及亚洲等地区。同年召集了专利权人商讨专利联合许可条约，在年末确立了最终的许可条款。2007年，MPEG-LA专利管理公司发布了ATSC专利许可。现今，ATSC标准已经被广泛应用于美国、韩国、墨西哥、加拿大等国家的数字电视中。

2）MPEG-LA专利管理公司在ATSC标准建立中的作用

从ATSC标准的案例来看，ATSC发起组织在制定和推行ATSC技术标准的过程中，通过聘请MPEG-LA专利管理公司对相关专利进行专利打包和许可管理，实施了ATSC标准的对外一站式许可，并最终实现了该技术标准商业化的成功。在整个过程中，MPEG-LA专利管理公司的主要行为与作用可以归纳成以下四个方面。

（1）评估技术标准中所包含的专利技术的有效性。

ATSC标准的专利早于1990年就开始申请，但其专利池的建立却是在2007年才发布。据2009年统计，ATSC标准中的专利技术仅还剩余5～10年的专利寿命，一旦专利失效，所建专利池的大部分专利都会变为公有，这势必导致由发起企业们组建的联盟遭受利益损害，甚至是联盟的瓦解。于是，联盟聘请了专业的第三方专利管理公司——MPEG-LA，尝试通过建立一个开放的专利池来维护ATSC技术标准。MPEG-LA专利管理公司可以随时监管技术标准中所包含的专利技术的有效性，除了定期审核以剔除过期专利之外，同时还会广泛吸纳新专利，保证专利池的稳定性和先进性，从而保持标准的技术完整性。拥有相关专利的企业可以随时提交新专利和申请加入联盟，截至2012年7月又有相当多的专利技术加入了ATSC专利池，充分保障了技术标准的动态更新。

（2）维持专利权人与被许可人之间的利益平衡。

专利包的定价也是技术标准建立过程中的一个重要问题，它不仅决定着专利权人的收益，而且也影响着专利包的市场需求规模和扩散速度，并最终影响技术标准的确立。在这个关键问题上，MPEG-LA专利管理公司也会进行协调管理。由于经常面临因新技术不断加入而引发的专利池中专利数量变动，并进而导致调整和提升专利许可费的问题，而且专利包的重新定价又会严重影响专利权人与被许可人之间的利益平衡，所以MPEG-LA专利管理公司需要针对这个问题开展协调与管理，它通常会在专利权人大会中提出关于专利费用的建议。例如，MPEG-LA专利管理公司承诺在管理专利池的过程中，对于仍在有效期限之内的许可合同，即便是专利包内所含专利的数量有所增加，专利费仍将保持不变；对于新设立的合同，MPEG-LA专利管理公司则保证专利许可费不会随着新技术的增加而大幅提升，增幅通常不超过25%。以上措施在保障了专利权人利益的同时，也维护了被许可方的利益，从而维持了双方的平衡，为技术标准的产业化和市场扩散提供了稳定条件。

（3）降低专利权人与被许可方的交易成本。

ATSC标准所涉及的国家数量及专利数量都是相当大的，这使管理的难度也相应加大。如果按照传统的联盟方式实施，即由部分领导性企业发起标准，其他相关企业跟随加入联盟，势必需要各个企业相互之间建立联系并达成一致，这种模式下，企业与企业之间谈判、签约、监督执行等过程所产生的交易费用将非常显著。此外，当生产企业使用这一技术标准时，也需要与每一个专利权人进行谈判方可使用，并且需向每一个专利权人缴纳专利费，明显加重了生产企业的使用成本，进而阻碍了新技术的采用。借助MPEG-LA专利管理公司进行管理时，专利权人只需与专利管理公司谈判并向之转让或许可其专利；生产企业也只需与MPEG-LA专利管理公司进行使用谈判就可以获得完整的技术包，而无须分别与每一个专利权人谈判，这样就大大减少了发生于专利打包及许可使用等环节的交易费用，为技术标准的产业化和市场扩散提供了更多的有利条件。

（4）减少成员的机会主义行为以保障专利池的稳定。

大量的专利技术往往涉及多个企业，而个别企业有时会有意隐瞒一些核心专利，等专利池确定并且标准效应开始显现时，再以所保留的必要专利来敲诈整个专利池，收取高于专利池许可费的使用费，并以此获得超额利润。这种机会主义行为会严重影响专利池的声誉及扩散速度。MPEG-LA专利管理公司帮助ATSC标准发起组织有效应对了这一问题。MPEG-LA专利管理公司采取的方式是，将专利技术集中于一处，专利企业需要与MPEG-LA专利管理公司达成协议，MPEG-LA专利管理公司会在确保专利权人在没有侵权的情况下签订合同，并且设计了杜绝企业保留必要专利的合同条款，以防在技术标准形成后遭到某些企业的敲诈。以上管理措施维护了专利池中所有成员的利益，同时也为技术标准联盟的良性发展提供了制度保障。

3. 第三方专利管理公司模式在技术标准建立过程中的效率机制分析

1）通过广泛召集专利资源，优化技术标准方案，提高技术标准的质量

第三方专利管理公司采用开放性模式面向全社会召集专利技术，包括世界上任何一个国家或公司，只要符合条件都可以加入。它对专利池的管理遵循某些国际原则，如FRAND原则。公平原则要求专利池不得无故拒绝许可来限制其他企业的加入；合理原则要求许可条款特别是专利许可费率应当合理；非歧视原则要求专利池对任何许可厂商都一视同仁，不得因为所属国家、企业规模而拒绝许可。第三方专利管理公司在评估技术标准的专利技术时，会邀请独立的专家进行评估，保证专利的有效性及技术标准方案的可行性，并定期审核专利的有效性，剔除过期的专利技术，增加新的、先进的专利技术。以上管理原则和具体措施可以为高质量技术标准的形成提供保证。

2）通过减少众多专利所有权人之间的谈判，节约技术标准制定过程中的交易成本

在一项技术标准中，往往包含成千上万项技术专利，企业若想建立专利池就必须与每一位专利权人建立关系，这是一项庞大的工程，所花费的时间和费用都是相当高的。因此，通过第三方专利管理公司直接召集专利资源，专利权人只需与第三方专利管理公司建立联系并达成协议，后续的技术标准的建立与推广工作就直接由第三方专利管理公司管理执行。这不仅减少了专利权人之间的谈判，也节约了技术标准在制定过程中所花费时间和费用，减少了交易成本。

3）通过统一打包对外许可生产，节约技术标准产业化过程中的交易成本

在产业分工、企业专业化程度日益加深的产业环境下，生产企业要想使用专利技术生产产品需要与所有专利权人签署许可合同，其间必然会产生大量交易费用，阻碍技术的使用。而且生产企业通过成千上万道专利使用门槛很容易造成专利使用不足，进而产生"反公共地悲剧"导致社会资源浪费。借助第三方专利管理公司的专业管理，将召集到的专利打包并一次性许可给不同的用户，给生产企业带来一站式服务。这种生产企业直接与专利管理公司协商并获得技术准入的模式，可以大量节约技术标准产业化过程中的交易成本。

综上，在以技术标准联盟为载体的技术标准创建过程中，第三方专利管理公司作为协调中心所发挥的作用、运作流程及效率机制可以概括为以下两方面。

首先，在组织职能方面，第三方专利管理公司可以承担专利召集、专利收集和评估打包、专利包对外许可、收取专利费等职能，并最终形成技术标准的有效技术方案和市场化推广。其次，在组织效率方面，基于第三方专利管理公司研制

并扩散技术标准时，可以在提高技术标准质量、节约技术标准制定过程中的交易成本、节约技术标准产业化过程中的交易成本等环节发挥作用，最终促进优质技术标准的确立。

2.3　国内技术标准联盟的组织与运行

2.3.1　典型组织运行模式与效率分析

1. 中国技术创新的制度和环境特征

中国正在经历从计划经济向市场经济的转型，其本质是一个渐进的长期制度变迁过程，整个过程按照正式规则和法律体系的健全程度可以划分为以关系治理为主要特征的前期阶段和以规则治理为主要特征的后期阶段（Peng，2003；邹国庆等，2010）。在整个制度转型过程中，转型的前期阶段从理论上讲是一个漫长而复杂的演进过程，其中涉及不同类型的网络关系在形态和性质上的协同演化。高向飞和邹国庆（2009）提出，依据转型前期阶段中关系网络的不同主体类型，可以进一步划分为以政企间关系治理为主要特征的转型初期阶段和以企业间关系治理为主要特征的转型过渡阶段。目前，我国正处于由初级阶段向过渡阶段转变过程中，所以制度安排和环境特征具有复合性，可以概括为以下几个与技术创新紧密相关的制度和环境特征。

（1）经济活动以制度化的政企间关系网络为主，政治资本在市场竞争中发挥的作用大于社会资本（Uhlenbruck et al.，2003），而企业的技术创新选择和创新导向难以形成。其中改制之后的国有企业或集体企业，仍与政府保持着密切关系，其经营思想和战略决策普遍沿袭了计划经济体系下对政府资源和政策的严重依赖性，缺乏市场竞争意识和价值创造观念；而新创的民营企业虽然具有开拓创新精神，但是合法性程度低，在制度环境的巨大压力下，只能专注于发展与政府互动的技巧和能力来维持生存，而且由于自身资源匮乏，基本无力承担技术创新所必需的研发费用和由此产生的经营风险，在政治资本优先的环境下，难以选择技术创新战略并进行有效实施（邹国庆等，2010）。

（2）传统的差序格局和低水平的信任结构仍然占据主导地位，企业习惯于传统的独立竞争思维而缺乏合作意识，在相当程度上阻隔了人际信任规模的大范围扩张，进而对组织间的知识共享和信息传递造成严重损害。即使组织间可以进行某些意会性知识共享，也大多局限于地域文化中潜在的人际交往规则，很少具备生产性或技术性特征。以上关系特征最终导致企业层面整体知识资本匮乏，无力支撑知识密集的技术创新活动。

（3）制度化的企业间关系网络开始显现，但存在严重的结构性缺陷。在低度信任结构下，企业网络主要是基于亲情、血缘等人情关系联结而成的，虽然可以在一定程度上降低机会主义风险并节约交易费用，激励专业化分工和专用性资产投入，并为技术创新提供必要的知识生成环境，但是却不利于长远发展。原因在于，随着网络关系的密切程度不断增加，封闭的网络内部终将出现技术资源冗余及核心技术趋同的现象，进而引发恶性价格竞争和利润空间大幅度下降。在这一过程中，企业会逐渐丧失技术创新的内在激励，从而放弃选择技术创新战略。

（4）在处于初级阶段的企业网络内，学习与创新活动以挖掘利用为主，缺乏探索式创新的激发条件，不能有效支撑真正的技术创新。在紧密的人情关系下，如果网络成员间的信任与合作被逐步加强，并形成了知识共享和知识扩散，那么企业间就会发生模仿和挖掘式（exploit）学习行为。但是企业的探索式（explore）学习被认为是无效率的，受到社会主体成员的排斥。原因在于，从外部环境看，过渡阶段的正式规则和法律体系虽然较转型初期有了一定改善，但市场化程度仍然较低，企业缺乏由市场竞争所带来的创新压力和异质化信息需求；此外，不明晰的产权制度和低效率的专利保护极大地增加了企业探索式学习的风险与成本，从而制约了探索式技术创新的形成机制。因此，从企业自身角度看，建立和保持紧密的长期互动关系会产生大量的沉淀成本，致使企业难以脱离强关系网络的束缚而发展有利于探索式技术创新的弱关系网络。所以，在制度转型的过渡阶段，制度化的企业间关系网络能够有效地促进利用式技术创新的实施但却会严重制约探索式技术创新活动。

上述关于技术创新的制度和环境特征，直接影响并决定着中国现阶段技术标准战略的组织与实施模式。为了获得更为清晰的理论结果，本书以技术标准的实质发源地为依据，将中国的技术标准体系及各自的联盟形成与运作机制划分为三个层级，分别为国家层面的技术标准及其联盟机制、区域层面的区域性技术标准及其联盟机制，以及企业层面的技术标准及其联盟机制。下面依次进行介绍。

2. 技术标准的层次及其形成机制

1）国家层面的技术标准及其联盟机制

（1）国家技术标准战略。

当前，发达国家掌握着国际标准的制定权，凭借着这些技术标准，其产品可以长驱直入发展中国家占领市场；同时，发达国家又可以借助这些技术标准形成壁垒，保护本国的经济利益，将发展中国家的产品阻挡于国门之外。据统计，发展中国家受贸易技术壁垒限制的案例，大约是发达国家的3.5倍。因此，为了增强在国际市场上的竞争力和话语权，中国需要积极参与国际标准的开发与制定，主动开展重大的系统性创新，建立起应对新时代国际标准竞争的技术标准创新体系和运行机制，从根本上提高国家竞争力并掌握国际竞争的主动权。

（2）联盟的组建和运行机制。

对于国际技术标准，或者是事关国家战略利益的重大技术标准的制定，中国采取了明显的国家介入策略，即由中央政府或部委牵头组织，集中全国范围的优势资源进行系统性创建，表现出了强大的行业覆盖性。联盟参与成员主要是全国范围的行业内龙头企业及最优秀的科研机构，联盟创新结果将对国家竞争力及产业发展产生重大影响，其顺利运行有赖于参与成员的有效合作。联盟的组建和运行机制如图2.2所示。联盟中类各成员的角色、功能及联动关系如下：政府（相关部委），主要发挥组织与协调作用，特别是当建立标准联盟协调工作复杂、难度非常大时，政府就成了技术标准联盟能否创立的决定因素。例如，在TD-SCDMA标准联盟的形成过程中，由于国家发展和改革委员会（以下简称国家发改委）、工业和信息化部（以下简称工信部）、科学技术部（以下简称科技部）对大唐电信的TD-SCDMA标准表示了明确的支持态度，打消了国内相关厂商的顾虑与迟疑，才促成了这些厂商联合成立了技术标准联盟。行业协会，也担当相似功能，但在中国目前市场环境下，行业协会的地位和功能还很有限。企业，是技术标准联盟的主要推动和参与者，它们需要具备创新和冒险的企业家精神，其主要任务就是在联盟内共享与拟建标准相关的专利技术、研发能力、生产设备或者市场渠道，以最低的风险和成本及最快的速度，完成技术方案的制定、产业化及市场扩散，并扩大技术标准的影响力。研究所、大学等非营利性机构，也是技术标准联盟的潜在合作成员，可以提供相关专利，或参与新技术的研发。

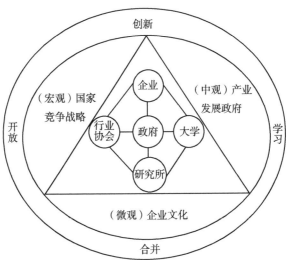

图 2.2　国家层技术标准联盟的组建与运行机制

国家战略性技术标准联盟的组建和运行机制具有以下特点：第一，在联盟成员结构方面，通常具有全产业性，即往往同时包括研发企业、生产企业、应用商、配套企业，以及科研院所和行业协会等非营利性组织，因此，成员关系会同时包含横向竞争性伙伴，以及纵向的供应链伙伴，这种成员结构有利于用最快的速度形成技术方案、保证用户基础、确立技术标准影响力。第二，在伙伴（互动）关系方面，政府部门或转型机构负责主要的技术及成员关系协调工作，如TD-SCDMA联盟就是由电信科学技术研究院转制而成的大唐电信科技产业集团负责主要工作，拥有较多的政府沟通渠道并可以较容易地争取政治资源；其他参与成员之间可以通过联盟大会（即行业协会）实现相互交流和沟通，但很少展开深层的研发合作，而通常是技术企业各自研发所负责的技术模块，生产及应用企业负责自己接口界面的调整。第三，尽管联盟在组建和运行前期，政府在其中发挥关键的决定性作用，但是联盟运行平稳后，政府需要将技术标准的研制与扩散任务移交市场主体，让技术标准经受竞争考验并确立市场地位，政府对标准联盟的干预方式从直接介入转变为间接介入。

（3）案例——TD-SCDMA技术标准及其联盟。

TD-SCDMA标准建设之初，尽管大唐公司等国内企业拥有相关的核心知识产权，但是由于美国高通公司已经在中国申请了600多项专利，导致中国在建设TD-SCDMA标准时难以绕过高通公司的"专利池"，再加上跨国集团对中国运营商进行了分化，从而严重影响了国内企业采纳中国标准的信心，TD-SCDMA标准的发展面临危机。于是，中央政府采取了介入策略，在政府部门的推动下，2000年12月TD-SCDMA论坛在北京成立，随后的2002年10月，又进一步成立了TD-SCDMA产业联盟，使中国政府对TD-SCDMA标准的支持具有了切实载体。中国政府在TD-SCDMA技术标准的确立和发展过程中发挥了关键的决定性作用。第一个关键作用是公布TDD（time division duplexing，即时分双工）频段。中国无线电管理委员会明确55MHz TDD频段，该频段用于TD-SCDMA制式，而60MHz FDD频段则CDMA2000与WCDMA制式共享，这就确立了TD-SCDMA技术的合法地位，使8家发起企业可以正式启动TD-SCDMA技术的预研工作，而且使TD-SCDMA产业受到了更多内资企业的关注，吸引它们投资该产业。第二个关键作用是落实政府专项资金。国家发改委、科技部及工信部共同落实了政府专项资金资助，表明了政府与企业一起承担启动新产业风险的决心；而TD-SCDMA产业联盟的8家发起企业，从预研到全面启动TD-SCDMA的研发工作，也逐步加大了研发投入力度。第三个关键作用是启动试验网。中国通信行业六大运营商共同参与TD-SCDMA的试验网建设工作，用市场来激发产业的投资热情。第四个关键作用是推动成立产业联盟，将政府要做的工作转交给联盟来完成，这体现了政府在国家创新体系中的联动（联系和互动）作用。技术标准方案基本确定并且联盟平稳运行之后，国家将标准的后续研制与扩散任务移交给产业联盟，从而实现了从政治化向市场化的过渡。至此，基本上形成了TD-SCDMA的产业链：由普天、大唐、华为、中兴等提供系统设备，由波导、联想、海信、夏新等提供终端产品，由凯明、展讯、T3G、重邮信科及华立等提供终端芯片。目前，TD-SCDMA标准联盟运行平稳并保持着适度的规模扩张，相关的芯片技术、终端应用、网络建设等产业环节均处于良好的发展态势。

2）区域层面的区域性技术标准及其联盟机制

（1）区域性技术标准战略。

综观中国区域经济发展现状，产业、产品、技术"同质化"问题十分严重，各区域缺乏实质竞争力。为了提高区域经济的发展水平及质量，基于产业集聚优势、推行联和技术创新并建立行业技术标准是值得尝试的发展模式。联盟标准策略的实施，可以强化本地区行业内实力较强的企业的自律性及相互交流，及时淘汰落后的产品工艺，并从单一的价格竞争转向更高层面的产品质量、技术水平的竞争，而且可以通过挤占劣质产品的市场份额，实现企业多赢并提升产业水平。实行区域性联盟标准的目的不是地域保护，而是借助合力实现从区域性标准到国家标准乃至国际标准的过渡，最终占领行业发展的话语权。

（2）联盟的组建和运行机制。

由于在当前技术创新环境下，企业缺乏自发合作创新的内在驱动力，所以区域标准的形成通常是在地方政府的直接介入下实行的。往往由地方政府的质监部门或其他附属执行机构（如研究院等）牵头，召集或引导本地区集聚性产业内的重要企业就组建技术标准问题进行磋商，由于相关企业往往是直接竞争对手，所以政府需要从中协调，化解专利纠纷和利益矛盾。达成合作意向之后，政府协助企业共同开展必要专利的评价、筛选、排序、打包等工作以形成最终的技术方案，在此间，政府通常会提供一定的资助资金。技术方案确定之后，政府会强制要求联盟内成员企业采用新的技术方案进行生产，并对产成品进行技术监督检验，禁止没有采用新技术的产品进入市场，如发现违规企业则进行处理，甚至将其开除出联盟。对于新技术，为了加快其市场扩散速度、增加用户数量、提高影响力并形成事实标准，政府通常会制定相关的区域性行业指导政策，以支持新技术的应用和普及，争取实现从区域标准向国家行业标准甚至国际标准的转化。联盟组建与运行机制可以表示为图2.3（注意：图中所标注政府参与的四项活动具有可选择性，即地方政府可能会选择实施一个或几个活动）。

该层次技术标准联盟的组建和运行具有以下主要特征：第一，在成员构成方面，具有明显的地域性，即成员来自本地区，而且是当地优势产业中的技术先进企业。这些企业通常具有直接性竞争关系，在联盟之前是市场上的竞争对手，所以联盟具有显著的横向特征。第二，在成员关系方面，伙伴间的互动主要表现为

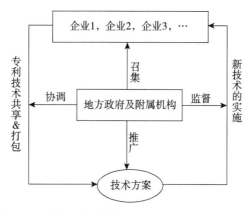

图 2.3　区域层面的技术标准联盟的组建与运行机制

各自既有专利技术的共享和打包，在此基础上形成技术标准，并在成员间交叉许可，但很少开展新技术的共同研发活动。第三，政府作为特殊联盟成员，其直接性介入往往贯穿联盟始末，包括联盟的组建、技术方案的研制、技术的扩散，甚至是市场监管。

（3）案例——顺德电压力锅技术标准及其联盟。

顺德地处广东省，经济发展较快，多个领域中优秀企业的总部设在该地区，如家电行业的美的公司、创迪、爱德等近十家公司。在电压力锅出现之初，既没有国家标准，也没有行业和地方标准，产业发展出现了无序竞争态势。为了避免无序竞争转化为恶性竞争，2008年，顺德质量技术安全监督管理局有意组建行业性联盟，规范行业竞争并提升区域竞争力。但是难题在于，联盟涉及同业竞争对手之间的知识产权管理和利益分配等矛盾与争端，企业组建技术标准联盟面临极大的心理阻碍。鉴于此，顺德质量技术安全监督管理局选择了以直接介入方式召集并发起了电压力锅标准联盟，消除企业的顾虑，增强企业组建技术标准联盟的动力，并维护联盟的顺利运行，顺利吸纳了美的、创迪、爱德等行业内龙头企业加入联盟。顺德质量技术安全监督管理局作为发起人，其直接介入行为覆盖了联盟的组建、标准的制定、产业化的推广、标准的监督等各项活动，有效地协调了企业间的矛盾关系，并推动了电压力锅标准的快速形成。2010年，电压力锅累计销售2 500万台，累计消费家庭超过1.5亿个，其中顺德生产的电压力锅占全国总产量的75%。并且，其制定的联盟标准，在短短的3年内实现了"三级跳"：2008年顺德联盟标准确立，2009年上升为广东省地方标准，2010年标准联盟企业向国际电工委员会第74届年会提交"电压力锅国际标准修订报告"获得大会立项，在2011年国际电工委员会（International Electrotechnical Commission，IEC）通过了电压力锅国际标准修订提案，该标准成为国际标准已成定局。联盟成就的取得固然有赖于成员的优势共享，但是顺德质量技术安全监督管理局在其中所发挥的作用也是不容忽视的。地方政府的干预从根本上促成了存在竞争关系的企业真正开展相互合作，推动了联盟的知识转移机制、利益分配机制等各项治理机制的有效运转；政府多部门切实跟踪并参与技术的研制过程；按照"高于国家标准、引领行业发展"原则制定了顺德"联盟标准"规定，要求成员企业必须把"联盟标准"转化成企业标准并作为组织生产的依据；对技术标准的执行与市场推广进行监督，不得在不符合联盟标准的产品上使用防伪标签，对违反协议的成员给予开除出联盟的处理，情况严重的提请行政监督部门予以查处；对企业进行培训，从多方面保证了技术标准的确立与扩散。此外，顺德已于2015年出台了专门的《顺德"联盟标准"管理办法》（试行），在每年400多万元的推进标准化资金中设立专款，对牵头制定顺德"联盟标准"的企事业单位和行业协会给予资金资助。

3）企业层面的技术标准及其联盟机制

（1）企业的技术标准战略。

由于技术标准是由一组专利技术组成的，因此，一方面，采用标准就必须对其中的知识产权付费，这是标准的产权效应；另一方面，采用一个标准就必须采用标准涉及的全部专利，这是标准的捆绑效应。所以专利技术强大的企业（集团）对弱势企业的竞争优势和利润剥削会十分明显。我国DVD企业的没落，重要原因就在于使用国外技术标准时，需要向3C和6C联盟交纳高额的专利使用费。因此，为了降低技术的使用成本，并争取获得技术定价权，国内企业需要实施新技术开发策略。鉴于单个企业很难拥有开展探索性技术创新所需的全部资源和抗风险能力，所以，多个企业联合形成技术联盟共同开展技术开发和标准制定，就成了更符合现实条件的战略选择。

（2）联盟的组建与运行机制。

在企业主导模式下，技术标准联盟的组织和管理遵循市场协调机制。通常是在核心企业或第三方专利管理公司的倡导下，持有相关技术的企业发起成立联盟，贡献所持有的必要专利，并由联盟治理主体完成专利的评价与打包。联盟治理主体具有多种可能形式，可以是由成员企业组成的共同委员会、新组建的合伙企业、选举某一成员企业为代表并负责联盟管理，或者是聘请专业的第三方管理公司。专利打包之后的技术方案，由联盟治理主体负责开展许可活动，包括对联盟内部成员的免费许可，以及对联盟外部企业的收费性许可，收取许可费并在提留必要的管理费用之后，将剩余收益按照商定比例向成员进行分配。企业层技术标准联盟的组建与运行机制可以表示为图2.4。

企业层面的技术标准联盟中，行政干预变得不明显或者说位居次要（尽管有时会存在政府购买、资金资助等间接支持），基于市场的企业间协调成为主导。联盟的主要特征如下：第一，成员构成方面，在自愿加入的开放规则下，企业类型

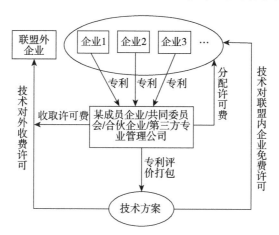

图 2.4　企业层技术标准联盟的组建与运行机制

和数量被丰富化。但通常会由发起企业成立董事会或管理委员会，或者委托专业的第三方专利池管理公司，对联盟事务进行管理，包括对申请企业的资质进行评定，将后进入者进行级别划分，并制定各层级的管理制度等。第二，伙伴关系方面，由于联盟体是由成员企业自发组建和参与的，所以每个企业都具有内生的联盟需求，更容易主动地与其他伙伴开展互补性知识或能力的共享和学习，因此伙伴间的互动频率及深度相对较强。但是由于我国的企业网络处于初级阶段，联盟内部协调和管理机制容易存在效率缺陷。

（3）案例——闪联技术标准及其联盟。

我国企业制定的闪联技术标准是一种开放式的联盟标准，它的发起企业包括联想集团、TCL集团、康佳集团、海信集团和长城集团，满足一定条件的企业都可以申请加入该标准组织价格联盟，但是很少有技术联盟，闪联是其中最具代表性的技术联盟。组织技术联盟的思路和开放的联盟模式，使闪联的成员已经扩充为今天的30家。通过开放机制，联盟成员之间在技术、思想等方面的相互共享与团结协作，不断推动着闪联的发展。为了规范联盟管理，实现有效的技术共享，我国的信息设备制造产业，以往有过多次共享与产业化合作，联盟将会员划分为四个层级，即核心会员、推广会员、普通会员和观察会员，不同级别的会员分担不同的职责，并享有不同的联盟事务参与权和决策权，如核心会员具有对闪联标准的提案权利，在知识产权、产品认证、闪联标志授权等方面享有优先和优惠。经过多年发展，闪联已经取得了显著成效，并探索出了一套完全来自市场和用户需求的标准模式，为我国未来的技术标准制定和发展提供了范本。在标准制定方面，闪联标准已经发展成为一套较为完整和成熟的3C协同标准体系，至2009年，闪联先后有18项标准制定项目获得国家批准，不仅成为我国3C行业领域第一个行业标准和国家标准，也是第一个国际标准；在核心技术研究方面，闪联在网络设备发现、连接等方面取得了一系列突破并建立了一套完整的专利体系和授权模式，相关发明专利达到240多项；在技术影响力方面，目前闪联吸引了132家国内外知名企业和科研院所加盟，松下、奥林巴斯等国际产业巨头也相继加入，其已经成为国内3C协同领域中具有代表性和领导力的产业联盟。这意味着，一个企业级的技术标准已经发展成了具有重要国际影响力的产业标准。

　　3. 比较分析与建议

　　结合我国目前的技术创新环境和制度特征，本书对我国国家层面、区域层面和企业层面的技术标准战略，以及相应标准联盟的组建与运行机制进行了梳理和归纳，主要特征可以概括为表2.1。

表 2.1　国内的技术标准战略体系及其联盟运行机制

标准层级	发起人	成员构成	联盟类型	网络属性	网络关系
国家层面	国家政府	全国范围、全产业链的企业（专利/生产/应用企业等以及行业协会、科研院所	横向&纵向	开放式	弱关系
区域层面	地方政府	区域内持有必要专利的生产企业	横向联盟	封闭式	弱关系
企业层面	龙头企业	全国范围内持有必要专利的生产企业（或纯粹的专利企业）	横向&纵向	条件性开放	偏弱关系

　　通过对这些特征进行对比分析，并结合我国目前的技术创新环境和制度特征，本书得出以下研究发现及改进建议。

　　（1）在技术标准联盟的实施主体方面，技术标准战略的市场化程度不足，政府性干预较为明显。在当前宏观制度及微观环境下，技术创新模式演进到了模仿阶段，而探索性技术创新的激发条件还不充分。企业的技术创新行为还限于竞争逻辑下的低成本模仿行为，而真正有助于探索性创新的合作意识与共享行为还很稀缺。因此，总体来看，技术标准战略的发起人和推动者主要还是政府部门，而不是作为技术创新主体的企业，政府在技术创新活动中的干预作用还十分显著。为了尽快使技术创新回归市场和企业，我国于2011年正式将"知识产权和技术标准战略"确立为国家"十二五"发展战略的重要内容，各省市也在积极地筹备与建立相应的标准化管理机构和运行机制，并制定相应政策以鼓励企事业单位开展创新。本书认为，在改进技术标准战略的市场化运行机制过程中，需要注意以下三方面工作。

　　第一，注重行业协会的建立及功能完善。通过落实权责、改进组织结构及管理制度等措施，使其在组织企业开展合作创新的功能上发挥重要作用。在国外，行业协会是龙头企业的聚集地，也是合作创新的主要发源地，如在日本，

DVD技术标准、视频音频解压缩技术MPEG1-MPEG4、蓝光光盘标准等DVD行业内的重大技术创新，都是由DVD行业协会中的成员企业借助联盟进行研制并使之确立的。

第二，注重专业的第三方专利池管理公司的引进与培育。专利池管理公司可以借助其专业的专利评价、专利管理、技术许可、收益分配等管理制度，高效率地开展专利的标准化工作，能够让用户从多方专利权人手中以单一交易的方式获取必需的适用于专门技术标准或平台的专利权，而无须单独与每一方谈判，进而让用户以快捷方式使用专利，也为专利权人带来合理回报，更为新技术的推广应用创造机会，加快技术创新步伐。

第三，引导和激励企业自觉开展合作创新的意识。对于国有大中型企业，由于其历史性政治背景和千丝万缕的政府关系，习惯借助政治资本维持经营，严重缺乏市场竞争意识和企业创新精神，对于这类企业，需要通过改建制度，将市场竞争压力真正传导至企业，并引导其意识到开展探索性学习与合作创新的迫切性与责任感。对于中小民营企业，由于暴露于市场竞争机制下，所以企业家往往具有冒险性创新精神，但是通常会遭受资源瓶颈和不公平的竞争规则，对于这类企业，政府应该督促社会相关部门撤销歧视性政策，创造公平合理的发展环境；企业自身也应该改变观念，从传统的单打独斗思维转变为合作共赢理念，用战略性眼光积极主动地探索新的管理机制以实现长远发展。

（2）在成员构成及其形成的联盟类型方面，不论发起人是政府还是龙头企业，定位于国家级别的大型技术标准通常采用覆盖全产业链的成员架构，进而形成同时包含横向联盟（负责专利共享和技术打包）和纵向联盟（负责产业化和市场扩散）的混合型联盟结构，目的在于完成技术方案的同时也保证新技术的使用规模，加快其成为事实标准或（推荐性）强制标准。区域性技术标准的联盟结构相对简单，通常由专利持有企业（一般都具有生产功能）组成，而其他小型生产企业和应用商则游离于联盟之外，因为它们往往无法承担过高的设备改造成本而不具备采用新技术进行生产的能力，所以，地区性的技术标准联盟大多表现为由竞争性伙伴组成的横向联盟。

对于由不同成员构成而形成的不同联盟类型，管理人员需要注意为联盟选择恰当的治理方式，以保证联盟顺利运行并实现目标。根据代表性的联盟类型，本书提出以下两方面建议。

第一，对于横向联盟，治理方式的选择依据是尽量消除竞争性伙伴之间的利益矛盾。由于在由横向伙伴组成的以知识共享和创新为目标的横向联盟中，存在创新分散性及企业相对地位平等等特征（Hagedoorn，2002），所以选择基于共同治理理念的治理模式往往更为有效。

第二，对于同时包含横向与纵向伙伴关系的混合型联盟，其中的纵向治理与横向治理是分而治之还是存在交叉作用，以及采用何种结构或机制保证联盟中的各个主体实现有效协同，就成了需要解决的首要问题（Hoetker and Mellewigt，2009）。本书认为应该在识别伙伴结构的前提下，以选择恰当的治理主体为突破口，以分层式合约为根本手段，制定联盟成员的行为规范和交易规则，使技术标准联盟中的横向伙伴及纵向伙伴全部实现有效互动和无缝衔接，达到降低交易成本、提高创新效率、加快技术标准确立和市场扩散等协同效应。

（3）在网络属性及关系特征方面，尽管开放性和封闭性都有所体现，但技术创新网络的成员间关系主要表现为弱关系。其中：①国家政府作为组织者的技术标准联盟中，由于涉及整个产业链的企业，所以不同环节上的企业具有特定分工，只需要在事先确定的接口标准下，各自完成所负责的功能模块，因此上下游企业间的互动比较有限，关系强度相对较弱。②地方政府组织的联盟则有所差别，由于参与成员通常是本地区的行业龙头企业，所以具有明显的地域和数量限制，而且联盟不会向其他区域开放，因而所形成的联盟往往具有偏封闭性特征。尽管具有封闭性，但由于联盟是被外部力量推动的而非自发行为，成员会存在心理障碍和信任危机，在行为上具体表现为知识共享仅限于既有专利层面，而不会开展互动更为深入的共同研发等活动，而且共享过程中会伴随大量谈判，因此成员间关系强度也比较弱。③企业自发组建的标准联盟中，闪联案例中联盟采用了条件性开放策略，即满足一定条件的企业可以申请加入联盟。每个成员企业都充分意识到联盟对自身目标的重要作用，具有强烈的内生性联盟动力。企业之间的联系较为紧密，互动也更为频繁与深入，尤其是在标准协商与制定过程中，还会涉及联合开发新的专利技术，彼此间的知识流动更为密集，有时还会进行专用性资产投入，增加了对联盟的承诺资本，这些行为意味着伙伴在联盟中的嵌入维度较多、程度也较深，从而成员间形成了相对较强的关系联结。

对于技术标准联盟中成员间的关系强度问题，强关系与弱关系各有优势，本书认为需要注意的是联盟任务特征与关系强度选择之间的适应性，具体而言包括以下两方面。

第一，强关系有助于技术创新的实质性推进，但是企业容易出现挖掘式学习动机与行为，这对联盟的探索性创新目标具有破坏作用，应选择使用时机并设计管理制度进行规避。正如文献（Moran，2005）所指出的，限定成员规模的（封闭型）强关系策略，有助于培育共同文化、相互信任及高效的信息传递通道，从而完成快速创新，但是却容易产生同类信息冗余的弊端，所以强关系模式更适用于以渐进创新为目标的挖掘型网络组织（exploitation network）或是以执行为导向的任务（execution-oriented tasks）。因此，当新技术标准的定义工作完成之后，可以采用强关系模式加快相关技术模块的开发与组合，但是当新技术还处于定义阶段时，并不适宜实施排外规则，以免影响技术标准的质量。

第二，鼓励联盟成员有选择性建立弱关系网络，以增加互补知识的流动，优化技术标准的性能。其中，在标准定义和研制阶段，借助弱关系连通互补性能力体系能够共享和创造高价值的非冗余信息，从而激发原创性思想，完成重大创新。相关实证研究结果也表明（Gilsing and Nooteboom，2008），以突变创新为目标的探索型网络组织（exploration network）或是以重大创新为导向的任务（novel innovation-oriented task），更适宜选择以弱联系（也称结构洞）为特征的伙伴关系。在技术标准制定完成之后的生产和市场扩散过程中，也适宜建立广泛的弱关系网，以促进新技术的推广。

2.3.2 政府对技术标准联盟的干预/参与

对于战略联盟，影响联盟成败的决定因素，多集中在联盟运作过程的伙伴选择与早期整合阶段，它不但影响后续的运作过程，同时也决定联盟的最终结果。技术标准联盟作为传统战略联盟的最新发展形式和特殊类型，既遵循传统联盟的基本运行规律，但也具有某些个性特征。在联盟的前期组建阶段，除了伙伴选择与功能整合等问题，技术标准联盟还存在一个特殊问题，即政府在此类联盟中发挥着不容忽视的重要作用与职能。但是，现有研究，尤其是国内相关研究主要集中在技术标准联盟的治理问题，对于政府在技术标准联盟中的职能、角色和参与方式等根本问题尚缺乏关注。本小节基于我国国情和我国案例，对国内技术标准联盟的组织模式进行提炼，并着重对国内各级政府介入技术标准联盟的方式与策略进行总结和分析。

1. 政府介入技术标准联盟的必要性

1）从制度层面分析

制度集中体现了市场的发展环境，同时，政府的行政方式与制度是相契合的。现阶段我国正处于计划经济向市场经济转型的过渡时期，旧制度遭到破坏，而新制度的确立与完善还在逐步探索之中。政府在此阶段的职能发生了转变，面临着从计划经济条件下的全能型、管理型政府向市场经济条件下的服务型政府转变。并且，在过渡时期，政府任由市场自由发展，对本质上具有渐进特征的制度进行重建会很困难；政府需要对市场进行一定的监督和管理，维持市场平稳地运行（石晓平，2005）。经验告诉我们，在过渡阶段仅依靠市场自主发育，而缺乏政府对市场监督是不可行的。

2）从产业层面分析

行业协会是以发展经济产业、增进行业或整体经济利益为宗旨的非营利性社会团体。在国外，技术标准联盟的组建与发展往往是由相关产业的行业协会引导和推动的。但是，现阶段我国的行业协会处于"政府不给权，企业不给钱，消费者也不买账，行业协会运营困难"的尴尬局面（刘毅，2004）。首先，政府并未将理论上已属于行业协会的权力完全交给行业协会（马秋莎，2007），换言之，影响产业和企业发展的政策与行政手段仍然由政府制定及执行，行业协会没有充分的权力影响产业的发展，导致其缺乏对企业和产业的影响能力。其次，行业协会存在着"二政府"、社会公信力较差、行业自律性较弱等现象，使我国行业协会面临组织失灵的危机，无法担负起引导产业发展的责任。基于上述原因，行业协会在引导企业组建技术标准联盟的过程中所发挥的作用，受到了严重束缚。

3）从企业层面分析

阻碍企业组建技术标准联盟的根本原因是信任缺失。首先是联盟成员之间缺乏信任。成功的战略联盟，其内部成员相互信任是其组建技术标准联盟成功的必要前提（陈一君，2004），但是，我国处于市场经济初级阶段，企业以追求自身利益最大化为目标，并且以追求可以看得见的短期利益为主，被戏称为"只有种草的积极性，没有种树的积极性"，这增大了企业对其合作伙伴机会主义行为的预期，担心在共同从事研究开发过程中发生恶意模仿或窃取，并因此而丧失自身的技术优势，造成企业之间的相互不信任，从而阻碍联盟的组建。其次，由于企业之间缺乏信任，导致企业对联盟的稳定性也缺乏信心；而且，技术标准的发展是一个长期过程，存在着诸多的不确定性，从而容易导致企业对联盟成功的预期较低，这也阻碍了企业加入技术标准联盟的积极性。

基于以上分析，在技术标准化战略的实施过程中，我国行业协会存在功能缺失，企业又缺乏组建技术标准联盟的积极性和推动力，仅依靠市场力量很难实现技术标准联盟的形成并顺利地运行，即存在市场失灵。为了纠正市场失灵，保证技术标准联盟广泛组建并有效发挥其功能，政府应适当介入。通过增加相关主体对技术标准联盟稳定性和标准发展的正面预期，政府介入可以促使相关主体积极主动地参与联盟，并贡献出对标准制定和推广有利的资源，推动技术标准战略的实施。

2. 政府在技术标准联盟中的介入方式研究

政府分为中央政府和地方政府，因为拥有不同的行政边界，它们参与技术标准联盟的动机也不同。中央政府的考虑更宏观，既需要考虑全国的社会福利水平，也要考虑标准的国际竞争力。而地方政府的目的是增加本地区的创新能力，推动地方经济发展，而且需要考虑区域竞争。因此政府会根据其本身行政边界的不同，以及技术标准联盟所推行标准的特征，而选择不同的介入方式。在此把政府介入方式分为两类，即直接介入和间接介入。政府直接介入是指政府以派遣人员参与联盟、政府采购、监督等方式直接推动和干预联盟。政府间接介入则是指政府以领导视察、政府奖励、研发资助等方式间接影响联盟的发展。综上，政府对技术标准联盟的介入方式可以归纳为四种可能，即中央政府直接性介入、中央政府间接性介入、地方政府直接性介入、地方政府间接性介入。下面，结合我国本土的典型案例，对政府在技术标准联盟中的介入方式进行提炼，并对各种介入方式的发生环境、目标与动机等决策因素进行阐述与对比分析。

1）中央政府在技术标准联盟中的介入方式研究

中央政府是最高国家行政机关，所做决策都是为了提高国家利益，因此，对于中央政府介入技术标准联盟的决策，也应从技术的国际竞争力及本国社会福利的角度进行分析，并选择恰当的介入方式。从某种程度上说，增强本国标准在国际上的竞争力，摆脱国外对标准的垄断，也是一种增强本国社会福利的方式。

有些技术标准联盟虽然制定和推广的标准是全国范围的，但是其对相关产业的影响不大，并且中央政府的精力有限，无法对每个技术标准联盟的发展都做出正确的判断。所以，中央政府介入技术标准联盟的前提条件是标准对相关产业有较大的影响。

（1）中央政府直接介入技术标准联盟。

我国作为后发国家，在国际标准竞争中，处于弱势地位。使用国外成熟的技术标准，企业需要交纳大量的专利费用，我国DVD产业的没落，就是因为3C和6C联盟向企业收取高额专利费。企业在已经存在国际标准的领域进行标准制定是很困难的。首先，我国长期处在国外标准的垄断下，消费者和互补品供应商对本国标准缺乏信心，而由消费者主导预期组成的需求预期和由互补品供应商对标准的预期组成的供给预期是影响标准竞争取得成功的重要因素。其次，来自既定标准获利者的阻碍。已有标准获利者包括标准中专利的拥有者、基于已有标准的专有资产投资者和其代理者等。它们为了维持已有利益的获取，必然会阻止我国标准的制定。我国推出的WAPI（wireless LAN authentication and privacy infrastructure，即无线局域网鉴别和保密基础结构）标准，安全性优于Wi-Fi（wireless-fidelity，即无线保真）标准，但是却无法推广，来自已有标准获利者的阻碍就是主要原因。

在国际标准的竞争中，中央政府可以发挥较大的作用。GSM标准之所以超越美国的CDMA标准，成为移动通信领域主导标准的典范，欧盟的支持起到了决定作用（Glimstedt，2001）。韩国在CDMA产业的发展过程中，政府也发挥了决定性作用（吴家喜和吴贵生，2007）。TD-SCDMA标准联盟和AVS标准联盟都是中央政府直接介入的代表性案例。下面以AVS技术标准联盟为例，对中央政府在技术标准联盟中的直接介入方式及行为详细分析（图2.5）。

AVS标准的制定，是为了同国外标准进行竞争，尤其是MPEG-4标准。MPEG-4标准是由国际标准化组织和国际电报电话咨询委员会（International Telegraph and Telephone Consultative Committee，CCITT）共同成立的研究多媒体数据压缩标准

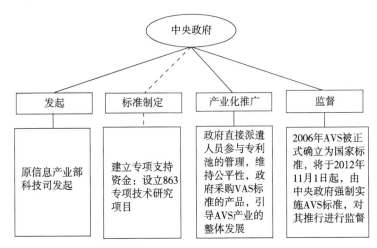

图 2.5　中央政府直接介入 AVS 技术标准联盟的策略

的专业组织于1998年提出的。专利拥有者制定了苛刻的收费政策，如果我国大规模采用MPEG-4标准，每年将向专利拥有者缴纳数以百亿元的专利费，这会严重阻碍我国相关产业发展，并大幅降低消费者福利。为此，2002年，原信息产业部科技司发起成立AVS标准工作组，研制AVS标准。在其后，又先后成立专利管理委员会和AVS产业联盟，三家机构相互独立，共同推进AVS标准的发展。

　　中央政府除在AVS标准制定阶段，以直接设立专项资金、专项技术研究项目、成立国家工程实验室等方式间接介入技术标准联盟（图2.5中以虚线表示），在发起阶段、产业化推广阶段和监督阶段都以直接方式介入联盟的运作，大大推动了联盟发展。2007年5月，国际电信联合会（Telecommunication Standardization Sector of the International Telecommunications Union，ITU-T）确认AVS视频编码标准成为IPTV（interactive personality TV，即交互式网络电视）国际标准。这直接推动中国网通联合多家系统设备厂商和机顶盒制造厂商共同进行AVS-IPTV商用试验，为AVS标准在网络电视领域的应用进行检验。2009年，国家广播电影电视总局统一规划，总局无线电台管理局无线广播电视数字化项目AVS编转码器正式招标，在太原、石家庄、长春、兰州、南昌五个城市正式开通AVS地面数字电视的应用。2011年11月1日，我国数字电视正式实施《地面数字电视接收机通用规范》国家标准，至2012年11月1日，我国销售的所有数字电视机都将内置AVS功能，这意味AVS将成为我国唯一一个被所有电视机所支持的视频标准，视听服务运营商也已经开始播放AVS编码的电视节目，可以说，在国内数字电视领域，AVS已经领先MPEG-4标准，并取得绝对优势。同时，在国家有关部门的扶持和企业界的共同努力下，AVS打造出一条从AVS编码器到AVS解码芯片、从终端整机到前端系统的完整产业链，并已具备规模化生产能力。

（2）中央政府间接介入技术标准联盟。

在国外不存在替代性标准时，我国企业实施跨越式，或者叫做开创式的标准制定策略。这时我国企业同国外企业处于同一起跑线，同国外标准的竞争处于次要位置，中央政府首先要考虑的问题是标准制定是否可以提高本国总体社会福利水平。社会福利水平是指该经济体内的家庭或个人在一段时间内所享受到的经济利益（向维国和唐光明，2004）。

闪联标准联盟是政府采用间接介入方式的代表案例。闪联标准规定的3C协同技术，在国际上还不存在这方面的标准，并且标准的覆盖范围是全国，对我国物联网产业发展有较大影响。2003年由联想集团发起、原信息产业部支持的闪联标准联盟成立。但是由于标准发展前景不明朗，政府采用间接方式介入联盟的发展，如图2.6所示（图2.6中虚线表示中央政府对联盟的间接干预）。在联盟发起阶段、标准制定阶段、产业化推广阶段、监督阶段，政府都没有直接介入，都是采用从旁辅助方式，增加闪联标准的影响力。

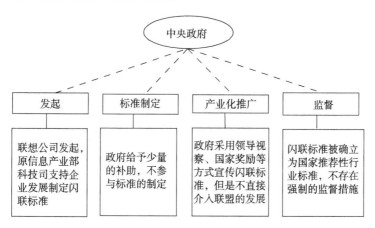

图 2.6 中央政府间接介入闪联技术标准联盟的策略

经过多年发展，闪联取得一定成功，并探索出一条完全来自于市场和用户需求的标准模式，为我国未来的技术标准制定和发展提供范本。在标准制定上，闪联标准已经发展成为一套较为完整成熟的3C协同标准体系，至2009年，闪联先后有18项标准制定项目获得国家批准，不仅成为我国3C行业领域第一个行业标准和国家标准，也是第一个国际标准；在核心技术研究方面，闪联在网络设备发现、连接等方面取得了一系列突破并建立了一套完整的专利体系和授权模式，相关发明专利达到240多项；在技术影响力方面，截至2016年年初闪联已经吸引了222家国内外知名企业和科研院所加盟，松下、奥林巴斯等国际产业巨头也相继加入，已经成为国内3C协同领域中具有代表性和领导力的产业联盟。

2）地方政府在技术标准联盟中的介入方式研究

（1）地方政府直接介入技术标准联盟。

Shapiro和Varian（1999）提出决定标准竞争成功的因素有七个："对用户安装基础（是指已安装客户规模）控制、知识产权、创新能力、先发优势、生产能力、互补产品的力量、品牌和声誉。"而技术标准联盟的胜利，其根本原因是标准竞争的胜利，因此，我们引用这七个因素评价技术标准联盟的竞争，如图2.7所示。

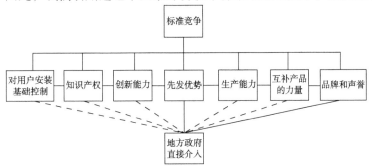

图 2.7　技术标准联盟竞争的影响因素

虚线表示间接影响与干预；实线则表示直接干预

对上述七个因素进行分析，地方政府可以对先发优势及品牌声誉两个因素产生直接影响，对用户安装基础控制等另外五个因素，则发挥间接影响。具体而言：①政府具有较强的公信力，直接介入技术标准联盟可以增加联盟内部成员和非联盟企业对联盟发展的正面预期，从而提高联盟技术的品牌和声誉。②地方政府掌握的行政资源，可以对企业间合作行为和联盟活动进行协调，促进联盟的知识转移和分享、利益分配、产业化推广及监督等治理机制顺利执行，从而加快标准的制定和推广，抢占先发优势。③地方政府对用户安装基础控制等另外五个因素，只能发挥间接影响，联盟包含的优势企业数量对用户安装基础控制等五个因素起到决定性作用。地方政府存在行政边界，对于其辖区范围外的企业影响力不够。在其辖区内不存在一定数量的优势企业，即如果不存在用户安装基础、知识产权、创新能力、生产能力、互补产品的力量等方面的优势，则技术标准联盟的先发优势和品牌声誉就无从谈起。并且，如果标准的适用范围超过地方政府的行政边界，则地方政府无法发挥作用。

顺德地处广东省，经济发展较快，多个领域中优秀企业的总部设在该地区，如家电行业的美的公司、创迪、爱德等近十家公司，燃气具行业的万和和万家乐公司等，这些公司均持有各自领域内的国内国际先进技术，在微观层面已具备组建技术标准联盟的技术条件，但是由于联盟涉及同业竞争对手之间的知识产权管理和利益分配等矛盾与争端，企业自发组建技术标准联盟面临巨大的心理阻碍。

在这种情况下，技术标准联盟的组建就需要地方政府引导和推动，甚至是直接发起，必要时参与联盟的全过程，消除企业的顾虑，增强企业组建技术标准联盟的动力，并维护联盟的顺利运行。下面对顺德家电行业的电压力锅技术标准联盟做详细分析，如图2.8所示。

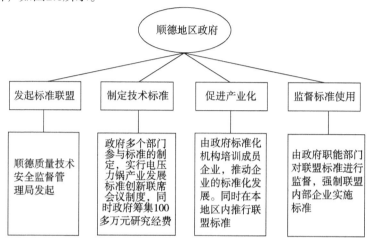

图 2.8 顺德地方政府直接介入电压力锅技术标准联盟的策略

作为新兴产业，在电压力锅出现之初，既没有国家标准，也没有行业和地方标准，产业发展出现无序竞争的态势。2006年美的联合多家公司成立电压力锅专利联盟，对侵犯其专利的厂商进行控告，在一定程度上缓解了市场的无序竞争，但是由于标准缺失，市场竞争仍然缺乏规范。由于顺德聚集了生产电压力锅的大部分主导企业，如美的、创迪、爱德等多家企业的总部都在顺德，顺德具备组建技术标准联盟的基础条件。但是，由于企业间具有直接性市场竞争关系，所以企业关注于你死我活的市场营销竞争，而合作意识却极为缺乏。为了提升区域竞争力，避免出现恶性竞争，2008年，顺德质量技术安全监督管理局以直接介入方式召集并发起了电压力锅标准联盟，其中企业成员包括美的、创迪、爱德等顺德地区的主要家电企业。

顺德质量技术安全监督管理局作为发起人，直接介入发起标准联盟、制定技术标准、促进产业化、监督标准使用各项活动（图2.8），有力地推动了电压力锅标准的发展。由该联盟所推出的电压力锅标准不仅成为顺德和广东的地方标准，而且还于2011年向国际电工委员会提出了电压力锅标准修订提案，2013年1月，这项由该联盟参与修订的电压力锅国际标准被正式发布实施，国产电压力锅自此终于打破了国际贸易的技术壁垒，以更低的成本优势参与国际电压力锅市场的竞争。这些成就的取得有赖于联盟内企业的各方面优势，但是顺德质量技术安全监督管理局在其中所发挥的作用不容忽视。地方政府的干预从根本上促使了存在竞争关系的企业真正开展合作，推动联盟的知识转移机制、利益分配机制等各项治理机制有效运转，并且对技术标准的执行与市场推广进行监督，对企业进行培训，从多方面保证了技术标准的确立与扩散。

（2）地方政府间接介入技术标准联盟。

地方政府间接介入主要是以提供资金资助为主，其他的介入策略使用较少。究其原因是相对于全国范围，地方政府间接介入对标准和技术标准联盟只是起到宣传作用，对联盟内企业不具有约束力，无法规范联盟内企业的行为，而且地方政府的宣传能力有限，仅限于其辖区范围内，对全国范围内消费者主导预期的影响力不够。地方政府以间接方式介入技术标准联盟，对联盟制定和推广标准影响有限，在此不详细论述。

3）政府介入方式的综合比较与选择机制分析

（1）基于案例分析的研究发现。

综合以上相关理论和案例分析，可以得出以下主要发现，如表2.2所示。

表2.2　政府对技术标准联盟的介入

政府类型	标准竞争程度	介入的动机/目的	介入方式	介入程度	标准的影响	代表案例
地方政府	强（同其他地区企业的竞争）	形成地方标准（争取建立国家标准）	直接	强	对地方经济的影响较大	顺德地区的电压力锅联盟和"两万"联盟
中央政府	强（国外存在替代性的竞争标准）	形成国家标准	直接	中	对相关产业的影响较大，关注国际影响力和竞争力	AVS联盟、TD联盟
	弱（国外不存在替代性的标准）	形成国家标准	间接	弱	对相关产业的影响较大，关注培育国内先进技术	闪联联盟、E家佳联盟

第一，中央政府介入技术标准联盟的先决条件是标准影响力足够大，并且当联盟制定的标准同国外替代性标准竞争时，适合中央政府的做法是直接介入技术标准联盟，而当联盟制定的标准是开创式标准时，适合中央政府的做法是间接介入技术标准联盟；在辖区存在产业集聚或一批技术优势企业，但是任一单个企业并不掌握全部关键技术，并且企业间由于存在市场竞争关系而缺乏自发合作的驱动力时，地方政府直接介入技术标准联盟有利于技术标准联盟组建及技术标准化战略的实施。

第二，地方政府一般直接介入技术标准联盟，没有找到间接介入的案例，而中央政府介入技术标准联盟的方式比较灵活，存在直接接入和间接介入两种方式。地方政府之所以主要采用直接介入方式，是因为间接介入对技术标准的影响非常有限。例如，对于采用政府奖励、领导视察等方式间接介入，其虽然可以起到宣传作用，但是对企业不具有约束力，也无法规范联盟内企业的行为；而且，地方政府的宣传作用仅限于其辖区范围内，对消费者主导预期的影响不足，因此，对技术标准的形成及市场扩散很难产生实质贡献。而中央政的影响范围是全国，即使是间接介入，其对联盟的宣传可以覆盖全国消费者，从而会对需求主导预期形成一定影响；直接介入，如政府采购、强制执行标准等，则更是可以直接推动联盟标准推广，并且可以借助行政力量显著增加消费者及互补品供应商对标准的预期。

第三，中央政府和地方政府都可以采用直接方式介入技术标准联盟，但是其介入的程度会存在差别。地方政府直接介入的程度比中央政府直接介入的程度要高，体现为参与的联盟活动更多，涉及的职能范围更宽，发挥的作用/承担的角色更丰富。地方政府由于其行政边界小，针对性较强。因此，可以集中资源并更为深入地介入和推动技术标准联盟的发展。以地方政府直接介入电压力锅联盟案例为例，其中地方政府所采用的行为包括发起并协调该地区企业磋商并组建联盟、直接参与标准的制定、建立培训机构对企业进行培训、对标准在联盟内的执行情况进行监督、对标准的市场扩散进行积极推广、对技术标准申报国家或国际标准提供支持或服务等，可以说几乎涉及技术产业链的每个环节。而中央政府由于其行政边界大，无法对技术标准联盟的每个环节都进行深度介入，并且在对相关标准缺乏了解的情况下，政府的深度介入可能会阻碍技术的发展。中央政府直接介入AVS联盟采用的政策包括政府发起组建联盟、提供资金支持标准的制定、派员参与专利管理委员会、政府采购。

（2）政府介入方式的决定机制。

第一，在联盟制定的标准影响力较大，且国外存在替代性标准时，适合中央政府的策略是直接介入技术标准联盟。我国企业在同国际大型企业进行标准竞争时，缺乏足够的实力，其标准很难超越已存在的替代性标准。而中央政府直接介入标准的制定和发展，可以增强我国标准同国外替代性标准的竞争力，增加我国技术标准联盟成功的可能性，进而促进我国经济的发展。具体而言，中央政府直接介入技术标准联盟可以产生以下四方面的优势：①通过自身强大的影响力推动竞争厂商和互补厂商开展协同并共同组建技术标准联盟，维持一定的供给规模并且帮助合作厂商之间实现沟通、化解矛盾、保持协调；②凭借政府公信力，可以增强客户对本国标准的预期，直接影响标准的用户安装基础；③通过实行政府采购等行政手段，可以加速标准的产业化推广，增加标准的用户安装基础；④中央政府对标准实施推荐或强制执行并采取市场监督措施，可以促进标准在全国范围内规范使用，进而维护技术标准联盟的利益。

第二，在联盟制定的标准影响力较大，但是国外不存在替代性标准，即制定的是开创性标准时，适合中央政府的做法是间接介入技术标准联盟。一项标准的优劣，不仅要考虑其对市场的规范性，还要考虑其先进性，而中央政府很难做到对两者的综合考虑。经过前文分析中央政府直接介入技术标准联盟促进标准的快速推广，并且中央政府可以通过强制力对标准进行监督，起到规范市场的作用。但是，标准的推广同样要考虑其采用技术的先进性。David(1985)通过对QWERTY键盘的经典案例研究，证实网络效应导致消费者因为高昂的转换成本（switching costs）而被锁定（lock-in）在非最优技术上。如果标准本身的技术是非最优技术，政府直接介入技术标准联盟会加速非最优技术取得优势地位，占领市场。政府虽然起到了规范市场的作用，但是存在引发市场"锁定"在非最优技术的可能。而开创式的标准由于不存在借鉴的基础，其前景如何、技术优劣性等问题，都不明朗，中央政府直接介入这种标准的制定，有很大可能促进市场锁定在非最优技术。适合中央政府的做法是不介入或间接介入制定开创式标准的技术标准联盟，从侧面对标准进行宣传，由技术标准联盟负责推动标准的制定和推广。等到标准经过市场的检验，发展成为相关领域的事实标准时，政府再采用此项标准作为国家的法定标准。

第三，地方政府介入技术标准联盟的先决条件是标准的适用范围是地方政府的行政区间或者更小的区间，并且该地区在某一领域存在优势，即形成了产业聚集或存在一批技术优势企业。在这些地区，地方政府直接介入技术标准联盟可以提高联盟的品牌声誉和促进联盟的先发优势，进而可以依靠联盟"标准前"用户安装基础和联盟的影响力，增加客户对联盟标准的主导预期，使用户安装基础迅速达到"临界用户"，领先竞争对手的标准，促使该标准成为国内相关行业事实标准的有力竞争者。同时国家发起制定法定标准时，必须基于市场选择和自愿合作，否则就缺乏自由实现（self-enforced）基础，所以联盟很有可能成为国家法定标准制定的参与机构，使联盟的利益最大化，促进该地区经济的发展。

2.4　本章小结

在研究内容上，本章首先对国内外技术标准的典型组织模式与运行机制进行了梳理归类，并逐类进行了理论分析和必要的案例讨论；随后，针对技术标准联盟组织过程中的一个身份特殊但意义紧要的群体——政府进行了专门分析，包括政府在技术标准联盟组建和运行过程中所发挥的功能与作用，对这些功能的必要性和恰当性及优化策略等都进行了探讨。主要理论分析结果概括如下。

首先，国外典型组织模式与运行机制方面。我们基于大量国内外技术标准联盟案例，依据标准的发起人、标准的制定者、标准的运营管理机构三个重要角色的实施主体，将技术标准联盟的组织运行模式划分为政府主导、企业主导以及行业协会主导三种类型，各种类型之下包含更为具体的联盟模式。对这三种典型组织方式的联盟组织过程及效率机制进行分析，我们得出以下主要结论。

（1）对于政府主导模式，它有助于克服市场失灵及专利丛林问题，从而弱化甚至消除专利实施中的授权障碍、节约许可中的交易成本、提高专利技术使用率、加速技术标准的形成与应用等优势。对于当前的中国市场环境，正在经历从传统计划经济向市场经济转型的过渡阶段，基于市场的新型制度和企业间关系尚未真正形成，企业间严重缺乏自发合作行为，因此在这个阶段，更是需要政府发挥中间协调作用，推进企业合作与知识共享，进而提高整个社会的创新效率。

（2）对于企业主导模式，这是主流模式而且也是最具技术标准创新效率的组织机制，在国外被广为应用，但是国内还亟待推广。为了对此进行改进，需要借助构建企业间联盟创新制度等改革措施加快转变速度，需要积极探索有效的企业联盟方式，探索有效的企业联盟方式，激发企业的主动性和积极性，如可以学习和借鉴国外最新出现的"基于第三方专利管理公司的技术标准联盟"组织模式，以专业的专利管理公司为中介来平衡授权人和使用人之间的利益，并最大限度地消除中间交易成本，有助于联盟的快速形成和稳定运行。

（3）对于行业协会主导模式，其本质上也是基于市场机制的组织方式。虽然在国外是常用的市场规范手段，但在中国，行业协会在标准化战略中所发挥的作用还非常有限。如果要对此进行改进，就需要加强国内行业协会的地位和职权，我们建议可以从以下三个方面进行尝试：①使"去行政化"职能改革得到完整执行。②优化行业协会的治理机制，即从政府"转制"过来的管理模式和经费过度依赖于政府补贴。③强化行业协会自身在推进技术创新中的基础功能。

其次，国内的典型组织模式与运行机制方面。我们以中国的技术创新制度和环境为背景，归纳并分析了国内现行的技术标准联盟组建与运行机制的特征及存在的问题，并从理论角度提出了改进建议。相关研究结论总结如下：①在发起人制度方面，应通过培育和完善行业协会及第三方专利管理公司，以及制定企业自发合作创新激励制度等方式，加快形成以企业协调为主的市场化运作机制，以保持技术标准联盟实施技术创新战略时的效率性和持续性；②在技术标准联盟的成员结构方面，以共享专利技术和研发能力为主的横向伙伴，以及承担技术产业化和市场扩散的纵向伙伴，应该根据不同的关系特征和互动内容，分别选择适用的治理方式以保证合作的有效进行；③在成员关系强度方面，为了保持联盟制定标准的高效性和先进性，需要注意搭建联盟核心成员的强关系及非核心成员的弱关系网络，以保证同类知识的高效利用（以实现效率）及互补知识的有效融合（以保证先进）。

最后，政府在技术标准联盟中的介入或者干预方面。我们研究了中国情境下技术标准联盟中政府的作用及介入策略，得出以下主要结论：①当技术标准联盟制定的标准存在替代性标准竞争，并且标准影响力较大时，适合中央政府的做法是直接介入技术标准联盟。②当技术标准联盟制定开创式的标准，并且标准的影响力较大时，适合中央政府的做法是间接介入技术标准联盟。③在辖区存在一定数量相关行业的优势企业，但是任一单个企业并不掌握全部关键技术，并且企业间由于存在市场竞争关系而缺乏自发合作的驱动力时，地方政府直接介入技术标准联盟是有利的，可以促进联盟的发展。④同样是直接介入技术标准联盟，中央政府直接介入的程度要弱于地方政府直接介入的程度。⑤在介入方式上，中央政府的策略比较灵活，可以在直接介入和间接介入之间选择，而地方政府一般都是直接介入。

第3章　技术标准联盟的治理

3.1　技术标准联盟中的纵向伙伴关系治理

3.1.1　问题背景

在第2章阐述技术标准联盟的本质时，笔者已经指出，在本书的体系下，技术标准联盟的本质被界定为"同时包含技术研发和产业化功能的联盟组合（或者联盟网络）"。其中，技术研发的实施者既可能是拥有互补资源的上下游企业（即纵向伙伴），也可能是拥有相似技术基础的竞争性企业（即横向伙伴）；而担负产业化功能的也往往是这两种类型的企业。根据这一逻辑，一方面，技术标准联盟中的伙伴类型与关系可以被划分为两类，即横向伙伴关系和纵向伙伴关系。其中横向伙伴关系是指由那些处于产业链相同位置的、具有直接竞争关系的企业所结成的合作关系；而纵向伙伴关系则是由处于产业链上下游不同位置的、具有业务互补关系的构建的合作关系。本节首先对纵向伙伴关系进行研究，横向伙伴关系则在下一节进行专门研究。另一方面，鉴于技术标准联盟中的任务往往是"同时包含技术研发和产业化两种功能"，因此，我们在研究技术标准联盟中的纵向伙伴关系时，也应该同时考察纵向伙伴对这两项任务的合作方式与合作效果。因此，本节将分成两个子节来分别研究技术标准联盟中的纵向伙伴关系治理，即分别为基于纵向伙伴关系的技术标准研发策略，以及基于纵向伙伴关系的技术标准市场扩散效应。

3.1.2　研究方法

本小节所采用的研究方法为博弈论方法。博弈论又被称为对策论（game theory）既是现代数学的一个新分支，也是运筹学的一个重要学科。博弈论主要研究公式化了的激励结构间的相互作用，是研究具有斗争或竞争性质现象的数学理论和方法。博弈论考虑游戏中的个体的预测行为和实际行为，并研究它们的优化策略。生物学家使用博弈理论来理解和预测进化论的某些结果。博弈论已经成为经济学的标准分析工具之一，在生物学、经济学、国际关系、计算机科学、政治学、军事战略和其他很多学科都有广泛的应用。

在博弈论模型中，基本概念包括局中人、行动、信息、策略、收益、均衡和结果等。其中局中人、策略和收益是最基本的要素。局中人、行动和结果被统称为博弈规则。博弈论考虑游戏中的个体的预测行为和实际行为，并研究它们的优化策略以达到可自动维持的纳什均衡（Nash equilibrium）状态。均衡是平衡的意思，在经济学中，均衡意即相关量处于稳定值。在供求关系中，某一商品市场如果在某一价格下，想以此价格买此商品的人均能买到，而想卖的人均能卖出，此时我们就说，该商品的供求达到了均衡。在博弈论的概念中，所谓纳什均衡，是指在一个策略组合中，所有的参与者面临这样一种情况，当其他人不改变策略时，他此时的策略是最好的。也就是说，此时如果他改变策略，他的支付将会降低。在纳什均衡点上，每一个理性的参与者都不会有单独改变策略的冲动。

近代对于博弈论的研究，开始于策梅洛（Zermelo）、波莱尔（Borel）及冯·诺依曼（von Neumann）。1928年，冯·诺依曼证明了博弈论的基本原理，从而宣告了博弈论的正式诞生。1944年，冯·诺依曼和摩根斯坦共著的划时代巨著《博弈论与经济行为》将二人博弈推广到 n 人博弈结构并将博弈论系统地应用于经济领域，从而奠定了这一学科的基础和理论体系。1950~1951年，约翰·福布斯·纳什（John Forbes Nash Jr）利用不动点定理证明了均衡点的存在，为博弈论的一般化奠定了坚实的基础。纳什的开创性论文《n人博弈的均衡点》和《非合作博弈》等，给出了纳什均衡的概念和均衡存在定理。此外，莱因哈德·泽尔腾、约翰·海萨尼的研究也对博弈论的发展起到了推动作用。今天博弈论已发展成为一门较完善的学科。

发展至今，博弈论的体系已经得到了较为完整的修筑。其主要类型可以概括为以下三大类：①合作博弈与非合作博弈。其中合作博弈研究人们达成合作时如何分配合作得到的收益，即收益分配问题；而非合作博弈则研究人们在利益相互影响的局势中如何选择决策使自己的收益最大，即策略选择问题。合作博弈和非合作博弈的区别在于相互发生作用的当事人之间有没有一个具有约束力的协议，如果有，就是合作博弈，如果没有，就是非合作博弈。②完全信息博弈与不完全信息博弈。完全信息博弈是指在博弈过程中，每一位参与人对其他参与人的特征、策略空间及收益函数有准确的信息。不完全信息博弈是指如果参与人对其他参与人的特征、策略空间及收益函数信息了解得不够准确、或者不是对所有参与人的特征、策略空间及收益函数都有准确的信息，在这种情况下进行的博弈就是不完全信息博弈。③静态博弈和动态博弈。其中静态博弈是指参与者同时采取行动，或者尽管有先后顺序，但后行动者不知道先行动者的策略。动态博弈则是指双方的行动有先后顺序并且后行动者可以知道先行动者的策略。

本节主要采用的是不完全信息动态博弈，而且是在非合作博弈的框架下，因为我们的研究背景和主题是如何使原本处于独立竞争状态的纵向企业达成合作关系，需要如何设置合作环境和相关变量能够保证合作的建立与维持。所采用的具体模型包括古诺博弈、斯坦克尔伯格博弈模型等。古诺模型是经典模型，它适用于刻画两个势均力敌的竞争对手的同时行动，即两个寡头同时做决定，任何一个寡头都没有反应的余地，这是用来描述实力相当的寡头。而斯坦克尔伯格博弈，又称斯坦克尔伯格寡头竞争模型、领导者-跟随者模型等，是一个包含先动与后动的序贯博弈模型，其中实力大的寡头在竞争中具有优势，往往先做出决定，其他小的寡头随后做出决定，因此，它适用于描述两个实力悬殊的对手的互动过程。

3.1.3　基于纵向伙伴关系的技术标准研发策略

随着网络经济的持续深入，网络外部性效应日益突出，技术标准逐渐成了企业在市场竞争中获取竞争优势的至高策略。在国家标准体系中，"标准"被定义为：对重复性事物和概念所做的统一规定，是以科学、技术和实践经验为基础，经过有关方面协商一致，由主管机构批准，以特定形式发布，相关企业要共同遵守的准则和依据。技术标准就是在一定范围内对重复性技术事项所做的统一规定。

在市场机制下，以企业为主体进行技术标准创新的主要模式有两种：一种是独自垄断模式，即由某一个行业领导性企业独自发起，独立进行研发，并自主拥有全部技术标准所包含的知识产权。另一种是合作创新模式，即行业中多个企业联合起来共同进行技术标准的研制、生产及推广，共同分享技术标准所涉及的知识产权，甚至是最终收益。

在现今，技术标准创新活动的复杂性，以及知识产权涉及的数量庞大、成本高，而且专利纠纷太多，导致单个企业越来越难以独自完成技术标准创新的全部任务，于是，在上述两种创新模式中，合作共建方式已经渐趋成为技术标准创新的主流模式。根据合作伙伴类型的不同，可以将合作技术创新分为两种类型：一是横向企业间进行的合作创新，即由具有竞争关系的、在价值链上处于相同位置的企业所形成的联合创新组织；二是纵向企业间进行的合作创新，即由产业链上下游企业组建而成的合作创新组织。本节针对纵向企业间的合作研发问题，以斯坦克尔伯格博弈模型为研究工具，探索技术领先企业与生产企业之间合作开展的技术标准研发的博弈过程和相关决策。

1. 相关研究动态

关于横向的合作创新，学者们从不同角度进行了一些研究。其中，Koschatzky和Stemberg（2000）对22个州的8 600个样本进行了调查，发现企业创新规模、合作伙伴的关系、研发密度、制造商的需求都对企业创新有积极影响。Cassiman和

Veugelers（2002）研究发现，溢出效应在研发阶段具有重要作用，而且成功的创新依赖于创新性知识。Laure和Dhersin（2005）运用合作博弈和非合作博弈，研究了机会主义和非机会主义两种类型的公司在研发阶段的结盟策略，研究表明溢出效应越高，研发成功的可能性就越高。Alan和Kilgore（2004）研究指出，市场、协调性、战略联盟和竞争之间的相互关系越紧密，研发阶段金融预算就越容易制定，研发成功性也就越高。Rachelle（2007）收集了463个样本对电信行业的R&D联盟进行了分析，发现技术多样化的程度越高，联盟对公司创新的贡献就越多，技术创新结果就越好。Dittrich（2005）对Nokia公司的技术创新战略变革进行了研究。

关于纵向的合作创新，近年来也出现了一些研究。陈宇科等（2010）研究了上游企业间双寡头的竞争与合作关系，发现上游企业间发生的合作创新活动不仅可以提高联盟企业的利润，而且下游的非联盟成员企业也会从中受益，使全行业的总利润得到提高。谭英双等（2011）以双头垄断期权博弈模型为基础，研究了创新组织的研发投资决策，研究发现，在模糊环境下仍存在最优投资决策，随着梯形模糊数的沉没投资成本期望值的增加，创新组织的投资价值下降而投资临界值上升。马建华等（2012）构建了制造商与零售商在不同成本风险和需求风险环境下产能与订货两阶段动态决策模型，发现产能成本风险和需求风险对决策与双方期望利润没有产生影响，而生产成本风险则会产生影响。

本小节研究技术创新中的技术标准研发问题，分别构建技术领先企业单独研发的模型，以及由技术领先企业与生产企业组成合作研发关系的模型，考虑到技术的不确定性特征。通过对上述两个模型的均衡结果进行比较，提出合作研制技术标准过程中企业的优化决策。

2. 模型构建

1）基本假设

（1）关于技术标准的形成。

技术标准以数量庞大的专利技术为基础，因此，按照专利情况的不同，可以将技术标准的形成方式划分为两种基本类型：一种情况是标准发起企业已经拥有大部分必要专利，只需要通过对既有专利（或称为现有技术）进行重新组合、改进升级就可以形成性能更好的新技术，这种方式可以称之为改进型技术标准形成模式。其根本特征是基于工艺改进而形成新标准，这种情况下技术标准的基本功能将维持不变，只是技术质量或生产成本得到改良。另一种情况是标准发起企业所拥有的必要专利数量较少，新技术的功能还存在很大的定义空间，新技术标准的形成需要很多企业共同开发相互关联的基础专利，并进而形成完整的、可用于生产产品的新技术，这种方式也可以被称为突变型技术标准形成模式。其根本特征是基于技术突变而形成新标准，这种模式下的新技术标准将形成全新的产品功能和用户体验，创造出发生了彻底改变的新技术。本小节的研究背景是第一种情况，即改进型的技术标准形成模式。

（2）关于局中人。

假设行业是由两个寡头企业构成的（王勇，2008），一个是专门进行技术研发的技术领先企业，一个是专门从事生产的企业。假设技术领先企业首先意识到了对现有技术实施改进的需求，而且其掌握了做出改进所需的关键专利技术，因此它就是新技术标准的供应企业。本小节假设该研发企业只从事技术的研发活动，而不进行生产。生产企业是一个处于产业链下游的技术使用企业，属于制造商身份，生产企业只从事产品的生产而不专门从事研发活动。生产企业是一个技术追随者，随着技术改进这一内生需求的产生，生产企业意识到由于不确定和成本要求变化要么自己研发以改进现有落后技术，要么技术领先企业会寻找一个研发伙伴，共同完成技术升级的任务，以降低研发风险和成本。伴随着生产企业对新技术认知相似程度的提高、企业发展的需要，以及利润的驱使，由于本小节假设生产企业不从事专门的研发活动，所以它会选择与技术领先企业结盟，共同完成新技术的研发，并将新技术进行产业化和市场扩散，占领行业优势地位，形成垄断性行业标准。在合作方式上，生产企业仅负责研发成本的分担，因此其主要决策问题是成本的分担比例。

（3）互动过程及基础变量。

技术领先企业（新技术标准供应企业）与生产企业将展开一个两阶段博弈（付启敏和刘伟，2011）。第一阶段是研发阶段，其中技术领先企业决策研发投入，而生产企业决策其对研发成本的分担比例；第二阶段是生产阶段，技术领先企业将研发出的新技术对生产企业进行许可使用，技术企业决策的是许可使用价格，而生产企业决策的是产品的最优产量和产品的销售价格。在这些决策过程中，本书将充分考虑技术研发的不确定性特征，并考察其对相关决策的影响。

假设技术领先企业的单位原始研发成本为 c_1，技术领先企业向生产企业制定的技术许可使用价格为 p_1，q 为新技术研发前的市场需求量。显然，技术标准创新前技术领先企业的利润函数为

$$r_1 = q(p_1 - c_1) \qquad (3.1)$$

2）技术领先企业单独开展技术标准研制

（1）确定条件下单独研发技术标准的利润函数。

技术标准研发成功并占据市场优势后，技术领先企业会收获一个由垄断效应而产生的价值附加值，我们称之为预期绩效，用 z（$z > 0$）来表示。在预期绩效 z 的激励下，技术领先企业选择投入研发成本对现有技术进行改进。这个价值在技术研发阶段可以视为成本的降低，也叫投资水平的降低程度。设定参数 f（$f > 0$）

为单位投资成本，则技术领先企业实施研发活动所需投入的研发成本可以表示为 fz^a，其中因子 $a > 0$，意味着投资成本凸向 z，保证研发中创新规模的不经济性（Wesley and Cohen，1996）。在不影响结论的情况下，为了方便计算，假定 $a = 2$。技术改进之后的市场需求量定为 Q_r（下标 r 代表研发企业），产品销售价格为 p，B 为大于0的常数，则最终产品的逆需求函数为 $Q_r = B - p$。

研发技术标准创新后，技术领先企业的利润函数为

$$R_1 = Q_r(p_1 + z - c_1) - fz^2 \qquad (3.2)$$

假设生产企业的成本只由技术许可使用费构成，则研发新技术之后生产企业的利润函数为

$$R_2 = Q_r(p - p_1) \qquad (3.3)$$

从式（3.2）中可以看出：一方面，进行技术创新后技术领先企业的单位许可收益由 $p_1 - c_1$ 变为 $p_1 - c_1 + z$。其他投入不变时，技术标准的垄断效应能力为技术领先企业提供规模为 z 的价值附加值。另一方面，只有 fz^2 变小时，技术领先企业的创新收益才会进一步增加。

在式（3.2）中求 R_1 关于 z 的偏导数并令其为0，即 $\dfrac{\partial R_1}{\partial z} = Q_r - 2fz = 0$，可得

$$z = \frac{Q_r}{2f} \quad (f > 0) \qquad (3.4)$$

从而可知，当市场需求量 Q_r 一定时，预期绩效 z 与投资参数 f 成反比，即投资参数 f 越小，企业进行技术标准研发获得的垄断效应的附加值 z 就越大。

在式（3.2）中求 R_1 关于 f 的偏导数可得

$$\frac{\partial R_1}{\partial f} = -z^2 < 0 \quad (z > 0) \qquad (3.5)$$

可知，当投资参数 f 变小时，企业利润 R_1 会变大。也就是说投资参数（或称之为投资可行性）应该保持在一定合理的范围以内，避免现实生活中经常存在的因为成本的不理性增加，导致当投资规模超过了企业承受能力之后，而被迫终止技术创新活动。

按照斯坦克尔伯格博弈中逆推法来求解单独投资情况下技术领先企业与生产企业各自的决策。生产企业的利润函数式（3.3）中对 Q_r 求偏导数并令其为0，即 $\dfrac{\partial R_2}{\partial Q_r} = B - 2Q_r - p_1 = 0$，于是生产企业的最优产量决策为

$$Q_r^*(p_1) = \frac{(B - p_1)}{2} \qquad (3.6)$$

由式（3.6）可得，技术领先企业所制定的技术标准使用价格对生产企业的产量具有直接影响。具体而言技术领先企业制定的技术标准许可使用费用越低，生

产企业的产量就越高。将式（3.6）代入式（3.2）中，可以进一步得到技术领先企业的利润函数为

$$R_1(p_1, z) = \frac{(B - p_1)}{2} \times (p_1 + z - c_1) - fz^2 \qquad （3.7）$$

在式（3.7）中求关于 p_1 的偏导数并令其为0，进而求得技术领先企业向生产企业进行技术标准许可的均衡许可价格为

$$p_1^*(z) = \frac{(B - z + c_1)}{2} \qquad （3.8）$$

可知，当单位研发成本固定时，z 可以引起授权价格 p_1^* 的变化，即 z 越大，p_1^* 就越小。这意味着对新技术进行技术研发后预期垄断绩效 z 越高，研发成功后的新技术许可使用价格就会越低。

将式（3.8）代入式（3.7）中可得到技术领先企业的利润水平。投资决策水平（Z）的函数为

$$R_1^*(Z) = \frac{(B - c_1 + z)^2}{8} - fz^2 \qquad （3.9）$$

以上利润水平为技术可行情况下进行新技术开发而实现的。

（2）不确定条件下技术领先企业的单独投资决策。

技术标准研发过程往往存在技术不确定性，并且影响研发的相关决策。本小节将针对技术不确定性因素对标准发起的技术领先企业研发决策的影响进行建模分析。假设研发过程中存在着一个技术可行性因子的 d（$0 < d < 1$），d 代表着企业愿意进行研发投入的技术可行的前提条件。此时，确定条件下的企业利润函数式（3.9）变为不确定条件下的利润函数，表达式为

$$R_{11}^*(z) = d \times \frac{(B - c_1 + z)^2}{8} - fz^2 \qquad （3.10）$$

通过对式（3.10）中求关于 z 的偏导数并令其为0，可以得到技术领先企业在技术可行性水平为 d 下的最优研发投资水平为

$$z^*(c_1) = d \times \frac{(B - c_1)}{8f - d} \qquad （3.11）$$

技术领先企业自主创新下，投资参数 f 和技术可行程度 d 对企业的利润具有影响，下面进一步分析这两个参数对 z^* 的影响机制。

其一，由 $\frac{\partial z^*}{\partial d} = \frac{8f(B - c_1)}{(8f - d)^2} > \frac{8f(B - p)}{(8f - d)^2} > 0$ 可知，z^* 与 d 呈正相关关系，即技术领先企业的研发投资水平会随技术可行性增大而增大。这是因为技术可行性越大，技术领先企业的创新意愿越强，其愿意投入的研发资金规模就越大。

其二，由 $\dfrac{\partial z^*}{\partial f} = \dfrac{-8d(B-c_1)}{(8f-d)^2} < 0$ 可知，z^* 与 f 呈负相关关系，即技术领先企业的投资水平 z^* 随参数投资 f 的增加而减少。这是因为投资参数 f 代表单位投资成本，当研发新技术所需要支付的单位投资成本增大时，也就意味着技术领先企业的创新难度在增大，为了完成创新任务所需要支付的总成本也将增大。

其三，技术领先企业选择创新的条件是式（3.2）>式（3.1）成立，也就是 $Q_r(p_1+z-c_1)-fz^2 > q(p_1-c_1)$，由式（3.8）可知创新投入的增加使得 z 变大，从而使得 p_1^* 变小，由逆需求函数可得，$q < Q_r$，故存在 $q(p_1-c_1) < Q_r(p_1-c_1)$ 成立，得

$$Q_r > fz = Q_r^{th} \tag{3.12}$$

Q_r^{th} 为新技术成为事实标准所需要的有效市场规模，只有达到该市场规模的阈值，技术企业研发的新技术才算具有较大的市场影响力，才可能成为行业中的事实标准。其中，th 表示阈值情况。

其四，令式（3.10）中 $d=1$ 且 $z=0$，也就是技术可行但却不进行研发投资的情况下，技术领先企业的利润函数为

$$R_{11}^* = \frac{(B-c_1)^2}{8} \tag{3.13}$$

当创新所得的利润应大于不创新时的利润成立时，技术企业才会进行研发，也就是式（3.10）不小于式（3.13），即

$$d \times \frac{(B-c_1+z)^2}{8} - fz^2 \geqslant \frac{(B-c_1)^2}{8} \tag{3.14}$$

将式（3.11）代入式（3.14）可得

$$d \times \frac{\left[B-c_1+\dfrac{d(B-c_1)}{8f-d}\right]^2}{8} - f \times \left[\frac{d(B-c_1)}{8f-d}\right]^2 \geqslant \frac{(B-c_1)^2}{8} \tag{3.15}$$

进一步整理得

$$d \geqslant \frac{8f}{8f+1} \tag{3.16}$$

令 $d_{th} = \dfrac{8f}{8f+1}$，则 d_{th} 称为技术可行性的阈值。该结果表明，技术可行性对技术领先企业的研发投资决策及最终利润水平都具有直接影响。只有当技术可行性高于一定临界值时，技术领先企业才会进行研发投资，对旧技术进行工艺改进以扩大市场需求规模的目标，最终获得新技术作为事实标准产生的垄断效应。对于技术可行性的决定因素，本书认为可以区分为企业内部和企业外部两类。从企业内部而言，技术实力强、基础专利雄厚的企业创新能力也强，其创新能力强，新

技术研发成功的可能性也就越强。从企业外部而言，企业可以通过与其他企业结盟等方式，借助优势互补和资源共享协同，提高技术创新的可能性。

3）技术领先企业与生产企业合作进行技术标准创新

（1）确定条件下合作研发标准的利润函数。

美国Adobe公司利用标准的先知权使竞争对手陷入了困境。生产企业为了追求标准创新的优先使用权，以及更低的标准使用价格，就会积极地加入标准创新活动。投资水平 z 作为体现标准效应的重要因素，必然会引起价格 p_1 的变化，假设 p_1 变为 $p_1 - \varphi(z)$ [$\varphi(z) > 0$] 的函数。将市场需求量定为 Q_{rm}（下标 r、m 分别代表研发企业和生产企业），每单位产品最终面向市场使用价格为 p_ε，B 为大于0的常数。最终产品逆需求假设为 $Q_{rm} = B - p_\varepsilon$。标准研发时，假设生产企业在创新中承担着成本分担的角色，形成共同研发创新。技术企业确定生产企业分担成本的比例为 k（$0 < k < 1$）。此时，技术领先企业的利润函数为 π_1，生产企业的利润函数为 π_2。

此时技术领先企业的利润函数为

$$\pi_1 = Q_{rm}\left[p_1 - \varphi(z) - c_1 + z\right] - (1-k)fz^2 \tag{3.17}$$

生产企业的利润函数为

$$\pi_2 = Q_{rm}\left[p_\varepsilon - p_1 + \varphi(z)\right] - kfz^2 \tag{3.18}$$

利用斯坦克尔伯格博弈制定技术领先企业与生产企业各自利润最大化的决策。双方联合投资技术创新下，生产企业分担的投资比例 k 决定生产企业承担投资的大小。

根据斯坦克尔伯格博弈论，技术领先企业和生产企业的联合投资决策以逆推法进行求解。生产企业决定产量，故对生产企业利润函数式（3.18）中的 Q_{rm} 求偏导数并令其为0，可得生产企业最终产量决策函数为

$$Q_{rm}^*(\varphi(z)) = \frac{\left[B - p_1 + \varphi(z)\right]}{2} \tag{3.19}$$

将式（3.19）代入式（3.17）技术领先企业的利润函数可得

$$\pi_1^*(\varphi(z), z) = \frac{\left[p_1 - \varphi(z) - c_1 + z\right]\left[B - p_1 + \varphi(z)\right]}{2} - (1-k)fz^2 \tag{3.20}$$

技术领先企业决定着标准的许可价格，故对 $\pi_1^*(\varphi(z), z)$ 求关于 p_1 的偏导数并使其为0，可得技术领先企业对新技术标准制定的许可价格，即 $\frac{\partial \pi_1^*}{\partial p_1} = \frac{1}{2}$ $\left[B - 2p_1 + c_1 - z + 2\varphi(z)\right] = 0$，当利润最大化有

$$p_1 = \frac{B + c_1 - z + 2\varphi(z)}{2} \tag{3.21}$$

式（3.21）整理得到

$$\varphi(z) = \frac{2p_1 - B - c_1 + z}{2} \tag{3.22}$$

对 $\varphi(z)$ 求关于 z 的偏导数，可得：$\dfrac{\partial \varphi(z)}{\partial z} = \dfrac{1}{2} > 0$，研发投资水平降低程度越高，$\varphi(z)$ 就越大，研发使许可价格变得更低。

将式（3.22）代入式（3.20）得到

$$\pi_1^* = \frac{(B - c_1 + z)^2}{8} - (1 - k)fz^2 \tag{3.23}$$

（2）不确定性条件下合作研发的投资决策。

技术不确定时，技术领先企业的期望利润函数为

$$\pi_{11}^* = \frac{d(B - c_1 + z)^2}{8} - (1 - k)fz^2 \tag{3.24}$$

令 π_{11}^* 对 z 的偏导数为0，可得技术领先企业研发创新时制定的最优投资决策为

$$z^{**} = d \times \frac{(B - c_1)}{8(1 - k)f - d} \tag{3.25}$$

式（3.25）中 z^{**} 为技术领先企业与生产企业合作创新时，技术领先企业期望利润最大化时的投资创新水平。技术不确定时，技术领先企业的投资创新水平还受到生产企业分担比例 k 的影响。

以下对该均衡投入水平的性质进行分析。

其一，由 $\dfrac{\partial z^{**}}{\partial k} = d \times \dfrac{8f(B - c_1)}{\left[8(1 - k)f - d\right]^2} > 0$，可知，生产企业联合创新分担的投资比例增加越多，技术领先企业的投资水平降低的程度就越多。创新中生产企业的加入对创新起到了积极的作用。当生产企业分担的比例增大时，技术领先企业的创新的成本就相对变少，技术领先企业就更愿意投资创新。

其二，当合作创新的利润高于单独创的利润时，生产企业才会选择合作标准创新。于是有

$$\pi_2 - R_2 > 0 \tag{3.26}$$

将式（3.3）和式（3.18）代入式（3.26）求解，得到

$$Q_{rm} \geqslant \frac{2kfz^2}{2p_1 - B - c_1 + z} = Q_{rm}^{th} \tag{3.27}$$

Q_{rm}^{th} 成为技术标准存在的一个阈值，表明市场需求量对生产企业的决策是有影响的。市场需求量越大，生产企业创新的决心越强。

其三，技术不确定时，技术领先企业进行合作标准创新是因为看到了合作标

准创新的利润高于不进行创新时的利润。

所以有

$$\pi_{11}^* > R_{11}^* \qquad (3.28)$$

均衡时，将 z^{**} 代入式（3.24），将式（3.24）和式（3.13）代入式（3.28）可以得到

$$\frac{d\left(B-c_1+z^{**}\right)^2}{8} - (1-k)f\left(z^{**}\right)^2 \geqslant \frac{\left(B-c_1\right)^2}{8} \qquad (3.29)$$

进而求得

$$d \geqslant \frac{8f(1-k)}{8f(1-k)+1} = d_{th}^c \qquad (3.30)$$

d_{th}^c 是技术领先企业合作创新时的技术可行性阈值（上标 c 代表合作的情况）。因此，技术领先企业和生产企业联合投资创新在一定的技术可行性范围内才能实行。

4）技术领先企业单独创新与合作创新的比较

（1）在均衡产量方面，技术领先企业与生产企业合作开展技术标准创新时的均衡产量和技术领先企业单独研发时的均衡产量差值为式（3.19）–式（3.6）＝ $Q_{rm}^* - Q_r^* = \frac{1}{2}\varphi(z) > 0$，由此可以得到性质3.1。

性质3.1　相对于上游技术领先企业单独研发技术标准而言，技术领先企业与下游生产企业共同开展技术标准创新时能够增加均衡产量，更有助于新技术确立事实标准的地位。

（2）在研发投入规模方面，由于在 $1>k>0$、$z^*>0$、$z^{**}>0$ 的条件下，技术领先企业单独开展研发活动的投入水平与技术领先企业和生产企业共同开展合作研发时的投入水平的差值，即式（3.25）与式（3.11）的差值为

$z^{**} - z^* = \dfrac{d(B-c_1)}{8(1-k)f - d} - \dfrac{d(B-c_1)}{8f\ d} = \dfrac{d(B-c_1) \times (8fk)}{\left[8(1-k)f-d\right](8f\ d)} > 0$，所以可以得到

性质3.2。

性质3.2　技术领先企业与生产企业联合开展技术标准研发活动比技术领先企业单独创新时具有更高的研发投资水平，从而更有助于新技术标准的形成。

（3）在研发活动对技术可行性的要求程度方面（可以理解为承受技术不确定性水平的能力方面），由于当 $1>k>0$、d_{th}、$d_{th}^c > 0$ 时，联合研发与单独研发两种情况下对技术可行性要求的差值为 $d_{th} - d_{th}^c = \dfrac{8f}{8f+1} - \dfrac{8f(1-k)}{8f(1-k)+1} =$

$$\frac{8fk}{(8f+1)\left[8f(1-k)+1\right]}>0，所以可以得出性质3.3。$$

性质3.3 相比于单独研发的情况而言，上游技术领先企业与下游生产企业合作研发技术标准时对技术可行性的要求更低，换言之，对于技术不确定性水平的承受能力更高，从而更有助于技术标准的开发和形成。

3. 结果与讨论

本小节以技术领先企业单独开展标准研发及技术领先企业与生产企业联合开展标准研发为研究对象，分别针对技术确定和技术不确定两种情况进行具体的模型刻画与求解分析。所得出的研究发现可以归纳为以下三个方面。

（1）上游技术领先企业与下游生产企业共同开展技术标准创新，更有助于均衡产量的增加和新产品的市场扩散以及扩大新技术市场影响力，从而以更快的速度确立新技术的事实标准地位。

（2）技术领先企业与生产企业联合研发标准，能够使标准研发中的研发投入问题得到有效的缓解，降低企业在创新中的成本压力，而生产企业对研发成本的分担则有效促进了标准的创新活动，从而有助于技术标准的开发与形成。

（3）技术领先企业与生产企业联合研发技术标准，能够增强它们对研发过程中所面临的技术不确定性风险的承受能力，对技术可行性的要求更低，从而更有利于新标准的探索和开发。

在现今市场激烈竞争的环境下，企业之间借助联合策略进行新技术标准的研发可以更大程度地调动成员企业的积极性和主动性，通过发挥各企业成员的内在优势，加强彼此间的相互合作和依赖程度，达到降低风险、提高研发成功概率等效果，从而最终激励新技术标准的产生。

3.1.4 基于纵向伙伴关系的技术标准扩散效应

技术标准联盟是技术标准战略的重要组织形式之一，是指"以拥有较强R&D实力和关键技术知识产权的企业为核心并联合多个企业，以共同发起一项技术标准，并将标准进行市场扩散为战略目标的联盟组织"（Lemley，2002）。较单个企业而言，技术标准联盟拥有强大的核心专利召集能力和技术集成优势，从而可以提高技术标准的研制效率，减少专利纠纷和互补专利之间的黏性问题，并加快技术标准的市场扩散速度（Leiponen，2008）。尽管也存在协调成本等联盟组织固有问题，但是不容否认，在当今网络经济日益深入的社会、经济及技术环境下，技术标准战略及作为技术标准战略主流组织模式的技术标准联盟，已经成为网络产业（如通信、计算机软硬件、航空、微电子等产业）中领先企业的重要发展战略和组织策略。在国外，技术标准联盟已经成为一种较为普遍的产业组织，如通信行业的GSM联盟、CDMA联盟、WCDMA联盟、CDMA2000联盟等；计算机或多媒体行业的DVD联盟、"蓝牙"联盟、Wi-Fi联盟、MPEG-2联盟；等等。在中国，技术标准联盟在近几年也出现了快速发展态势，全国层面的TD-SCDMA联盟、闪联联盟、E家佳联盟、AVS联盟，以及地方层面的LED联盟、RFID联盟、"两万"冷凝热水器联盟、电压力锅联盟等，都处于活跃的联盟组建与运作过程中，有的甚至已经取得了成效，如中国闪联标准被确立为全球3C（计算机、通信和消费电子产品）协同领域的第一个国际标准。

技术标准联盟的根本任务是实现技术标准的确立，实施过程主要包括两个阶段性任务：一是技术标准的研制，也就是根据技术目标，对技术方案进行构建并划分为若干个技术模块，然后针对每个必要的技术模块进行研发，或者是召集相关的既有专利，再将所有的必要专利进行集成以形成最终的技术标准方案，属于技术标准的形成阶段；二是技术标准的市场扩散，即以技术标准为基础的各种新产品设计、生产与市场扩散过程，属于技术标准的产业化阶段。对于技术标准研究开发环节的问题，有很多文献从不同角度进行了研究（Leiponen，2008； Robert et al.，1995；Rysman and Simcoe，2008；Aoki and Nagaoka，2005），而对于技术标准的市场扩散环节的问题，相关研究则仅仅集中于专利许可制度这一个方面，存在一定局限。于是，本小节将研究内容定位于技术标准的产业化阶段，尝试揭示基于纵向伙伴合作关系的技术标准市场扩散效应，从而对技术标准市场扩散机制研究领域形成补充。

1. 相关研究动态与评述

技术标准的扩散过程，本质上就是以技术标准为基础的产品生产和市场销售过程，或者理解为技术标准所依托的专利包的许可使用过程。有些学者对此类问题进行了研究，如Shin等（2000）研究了基于供应链管理的上下游企业合作绩效问题，指出上下游企业合作有助于加快技术研发速度，缩短新产品上市所需要的时间，并保证上市后的稳定性。Homburg等（2002）研究了供应商与生产商的协作策略对产品扩散和消费者满意度的影响关系。Petersen等（2005）从下游生产商视角，探讨了上游供应商共同参与情况下对新产品开发与新产品市场化所产生的影响，并提出了有效的供应链设计方案。Shapiro（2001）指出了技术创新日益频繁环境下所导致的专利丛林问题及公共地悲剧，即大量互补专利被众多产权人分散持有的情况下，由于存在极高的交易成本和许可费用而往往新产品难以生产，以及许多专利无法被真正应用。为了解决这一困境，Kim（2004）研究指出，基于专利池的专利许可机制有助于降低新创技术的采用成本及最终产品价格，从而提高社会福利水平。于是，大量学者针对专利池中的专利包许可方式问题进行了研究。Lerner等（2007）探讨了加入专利池之后必要专利持有人的产权问题，即是否允许专利持有人仍然享有独立的专利对外许可权问题，他们研究指出，当规制部门无法获知专利池中的专利是否全部是互补性的而不存替代性专利的情况下，可以允许必要专利的持有人自主决定其专利的对外许可，这种制度有助于降低专利池的垄断效应。Kamien和Taumam（1986）则关注了专利包对外许可过程中的定价问题，他们将专利许可制度划分为固定费率和单位浮动许可费两种类型。随后，Lerner等（2007）、Wang（2002）等大量学者都针对这两种许可制度的优势与弊端进行了单独分析及比较研究，并提出了每种收费制度的适用情境。Poddar和Sinha（2004）从特许授权和固定授权角度分析了专利授权的优化合同。

不难看出，现有关于新技术扩散的研究成果主要来自两个方面：一是基于专利联盟开展的研究；二是基于某项局部创新（如传统R&D项目）的供应链合作进行的研究。然而，不论是专利联盟还是局部的R&D项目，都与本书的研究对象——技术标准联盟——具有某些实质性区别。首先，在专利联盟中，成员都是持有基础专利的企业，因此成员间往往可以免费使用整个专利包（Layne-Farrar and Lerner，2011），因此即便是技术企业开展生产活动也不会面临技术许可费问题；然而，本书中要讨论的是市场上的生产企业是否加入技术标准联盟，并且有代价地采用技术标准，从而与现有关于专利联盟的研究存在实质区别。其次，在传统R&D项目的供应链合作研究中，确实有学者讨论了基于上下游企业合作关系而开展的技术市场化问题，但是，由于局部性的R&D项目与技术标准存在几个重大区别，如技术标准拥有专属的网络外部性效应（Shy，2011；Zeppini and van den Bergh，2011；Song et al.，2009）、技术标准具有高昂的采纳成本（即生产过程中往往伴随大量的专用性设备改造等成本）（Brunsson et al.，2012；Chesbrough and Teece，2002）等，因此，既有研究中并没有充分考虑和关注这些技术标准情境下所特有的变量，本书则将这些变量纳入模型，从而明显区别于现有关于R&D合作创新的相关研究。

现实中，技术标准的产业化途径主要有以下三种：一是独立生产，即技术标准持有者独立开展生产活动，如DVD联盟中的索尼、飞利浦、松下等核心技术持有企业，它们同时也都是DVD相关产品的生产商，当然它们还可以选择将专利包对外许可以实现生产。二是借助市场机制，即技术标准持有者通过市场定价将技术标准进行对外许可生产，如DVD联盟将专利包许可给市场上其他DVD生产厂商；IBM公司不是Wi-Fi联盟的成员，但通过市场机制获得了Wi-Fi技术标准的使用权。三是合作生产，即技术标准持有者与生产企业结成战略性的技术扩散合作关系，这些企业可能不参与技术标准的研发活动，而专门负责采用技术标准并将其转化为各种终端产品，如TD联盟中包括中国移动等终端应用企业，它们专门承担着TD技术标准的市场应用功能。那么，上述三种技术标准产业化方式中哪一种更有助于技术标准的市场扩散呢？对此问题，学者们目前所采用的研究模式主要是针对各种可能的扩散方式分别进行研究，而且研究焦点集中于市场许可机制，而对于不同扩散方式之间的相对效应，却缺乏比较研究。于是，本小节将尝试针对不同技术标准扩散方式开展比较研究，由于篇幅有限，下文主要关注于市场许可机制与合作机制之间的比较。

按照合作成员类型的不同，技术标准联盟中的合作关系可以分为两种类型：一是横向企业间的合作，即处在水平方向上的具有市场竞争关系的企业间合作；二是纵向企业间的合作，即上下游企业之间的合作。需要指出的是，在反垄断法的干预下，横向企业之间往往只开展技术开发类合作，但较少涉及产品生产和市场扩散方面的协调，因为可能被认定为"串谋"或垄断，因破坏市场正常竞争秩序而遭到政府部门的管制；而上下游企业之间的技术许可与生产合作则非常普遍。由于本小节将要探讨的正是技术标准的产品化和市场扩散环节的合作问题，因此，将主要针对基于纵向合作关系的技术标准扩散效应进行研究。综上，本小节将针对市场许可机制与纵向合作机制下技术标准的扩散效应进行比较研究，力图揭示纵向合作机制对技术标准扩散的优越性及适用条件。

2. 模型与假设

1）互动主体

假设行业中存在两个企业，一个是技术标准持有企业或者是联盟，它拥有已经研发成功的技术标准，我们称之为标准持有者或者技术标准联盟，书中不考虑这个标准持有者的产品生产活动，以便清晰地比较市场许可机制与合作机制对技术标准扩散的影响。另一个企业是一个专门从事生产的企业，它不参与技术开发活动，只决定是否采用新技术标准对原有技术和产品进行替代，我们称之为生产企业。生产企业负责把技术标准转化为各类终端产品，但首先需要获得技术标准的使用权，并向技术标准持有企业支付许可费，而许可费水平取决于生产企业与技术标准持有者的关系，其可能是一般的市场价格也可能是合作关系下的优惠价格。本小节假设技术标准持有者将新技术许可给生产企业时，执行的是单位许可费制度，即生产企业每生产一单位产品就缴纳一定比例的许可费。生产企业会根据所缴纳的许可费水平来制定自己的产品销售价格。

2）互动模式

本小节考虑两种技术标准的市场化途径及相应的企业互动模式：一是技术标准持有者与生产企业基于市场机制开展交易活动，即生产企业不参与技术标准联盟，而仅仅作为市场上的一个普通企业，按照市场机制获得技术许可并实现技术产品化；二是两类企业开展战略合作，即生产企业加入技术标准联盟（甚至是在技术标准方案尚未形成时就已经加入了联盟），作为联盟成员与技术开发企业进行生产协调，技术企业可以在一定程度上对生产企业采用技术标准时需要承担的专用性投入进行分担。例如，通过技术研制过程中的沟通协调而提高新技术与生产企业现有设备的兼容性，从而节省设备改造成本；联盟中的生产企业可以比市场上一般企业更早地获知技术方案，并提前开展资源配置等工作，从而获得时间优势；技术标准企业可以为联盟中的生产企业提供免费的技术培训和技术支持，从而节约费用并提高技术使用效率等。

3. 基于市场机制的技术标准扩散模型

市场机制下，技术标准拥有企业将新标准许可给生产企业进行使用时，假设单位许可费为 p_1，生产企业采用技术标准进行产品生产，假设新产品的价格为 p。标准拥有企业和生产企业都是利润最大化的追求者，所以有 $p > p_1$。将市场需求量记为 q，a 为常数，产品的需求函数为 $q = a - p$。

1）市场确定条件下

假设新技术标准是在替换一种旧技术，于是新技术标准的消费者数量将由两部分构成：一是原来使用旧产品而现在改为使用新产品的消费者，反映的是新技术对旧技术的替代效应；二是由于新技术的市场扩散而新加入使用新产品的消费者，反映的是新技术的网络外部性效应。因此，使用新产品的消费者数量为 $hq + z$，其中，h 代表新标准对原有技术的替代率（$0 < h < 1$ 时代表部分替代，$h = 1$ 时表示完全替代，$h = 0$ 时表示无替代效应），因此，hq 代表原有消费者中继续使用新产品的消费者的数量。z 代表技术标准效应，可以刻画技术标准所具有的网络外部性水平，因此，z 表现为新技术标准下新增的消费者数量。fz^β 代表生产企业采用新技术标准时所发生的专用性投资水平，包括专用设备改造、人员培训等费用，其中投资成本参数 $f > 0$。为保证创新过程中的规模不经济性，令投资成本凸向 z 且 $\beta > 1$。为计算方便又不影响结果，本书取 $\beta = 2$，即生产企业为采用新技术标准而发生的专用性投资水平为 fz^2。

标准持有企业将其专利包对下游生产企业进行生产许可，并按照单位产量收取固定比例使用费的许可制度进行收费。由于本书假设技术标准已经成功研制出来，所以技术标准持有企业的收益中不包括研发成本，而只是纯粹的许可收益。其利润函数可以表示为

$$r_1 = (hq + z)p_1 \qquad (3.31)$$

对于生产企业而言，如果生产企业采用新技术标准，则其利润函数为

$$r_2 + (hq + z)(p - p_1) - fz^2 \qquad (3.32)$$

借助倒推法计算生产企业的均衡产量，可以得到

$$q^* = \frac{ha - hp_1 - z}{2h} \qquad (3.33)$$

由式（3.33）可知，技术标准的授权价格降低时，产量就会增大，相应的，

生产企业的利润也会增加，因此授权价格直接影响着产量水平，即技术标准扩散效果。

由于新标准授权价格由标准拥有企业制定，所以把式（3.33）代入式（3.31）可以得到均衡时技术标准持有企业的利润函数为

$$r_1^* = \frac{(ha - hp_1 + z)}{2} p_1 \qquad (3.34)$$

式（3.34）中对 r_1^* 求关于 p_1 的一阶导数可以得到

$$p_1^* = \frac{ha + z}{2h} \qquad (3.35)$$

由式（3.35）可以得到，授权价格受到标准效应的直接影响。当标准效应扩大时，授权价格也相应提高，此时有助于提高标准持有企业的利润。故技术标准的市场影响力越大、地位越巩固，标准持有企业的利润就越高。把式（3.35）和式（3.33）代入式（3.32），可以得到生产企业的均衡利润为

$$r_2^* = \frac{(ha + z)^2}{16h} - fz^2 \qquad (3.36)$$

2）市场不确定条件下

现实中，任何一个新产品在进入市场之初都会存在市场认可度问题，即新产品的市场不确定性问题。假设新产品所面临的市场不确定性水平为 i（ $0 < i < 1$ ），其中当环境完全确定时 $i=1$，而且，当且仅当 $i>0$ 时，新技术创新活动才会进行。

当面临市场不确定性 i 的时候，生产企业的利润函数记为

$$r_2^{**} = i \frac{(ha + z)^2}{16h} - fz^2 \qquad (3.37)$$

式（3.37）中对 r_2^{**} 求关于z的偏导数可以得到

$$z^* = \frac{hai}{16f - i} \qquad (3.38)$$

把式（3.38）代入式（3.37）可以得到生产企业最终的利润函数为

$$r_2^{**} = \frac{(ha)^2 fi}{(16f - i)} \qquad (3.39)$$

下面针对技术标准持有企业和生产企业不合作的情况下，也即纯粹依靠市场机制时，对技术标准的市场扩散效应及其变动机理进行性质分析。

（1）市场不确定性对技术标准效应的影响。

对 z^* 求关于 i 的偏导数可得 $\frac{\partial z^*}{\partial i} = \frac{16f}{(16f - i)^2} > 0$。

该结果表明，技术标准效应与市场不确定性水平成正比。市场不确定性越大，

意味着产品的创新幅度越大，即越趋近于突变创新或破坏性创新，而突变创新一旦获得成功，其产生的市场效应也将非常显著。正如当初苹果公司率先推出第一款智能手机的时候，面临的市场不确定性水平非常高，但苹果公司凭借优越的技术体验获得了消费者的认可，并成功开启了智能手机新时代，苹果公司也凭借先动优势而获得了强大的网络外部性效应，率先建立起了庞大的用户基础。

（2）专用资产投资水平对技术标准效应的影响。

对 z^* 求关于 f 的偏导数可得 $\dfrac{\partial z^*}{\partial f} = -\dfrac{16hai}{(16f-i)^2} < 0$。

该结果表明，技术标准效应与采用技术标准时所需投入的专用资产投资水平成反比。技术标准的采用成本越高，越不利于技术标准的市场扩散，因此，在技术标准建设过程中需要注意技术的实施成本。许多实践案例也表明，并不是技术性能更优越的新技术就一定能够替代原有技术，其中的主要原因往往就在于新技术采纳成本过高，从而抑制了下游生产和应用企业的积极性，从而导致终端消费者无法对新技术获得深入的认知，进而无法吸引用户和广泛散播。

（3）替代率对技术标准效应的影响。

对 z^* 求关于 h 的偏导数可得 $\dfrac{\partial z^*}{\partial h} = \dfrac{ai}{16f-i} > 0$。

该结果表明，技术标准效应与新技术对原有技术的替代率成正比。前文已述，技术标准效应由两部分组成，即新技术对原来技术的用户替代效应及新技术自身所产生的用户新增效应，因此，对原来技术的替代率越高，意味着新技术所吸引的"老用户"越多，从而总体消费者数量越大，标准效应也就越显著。

（4）市场不确定性对技术标准扩散的影响。

生产企业是否采纳技术标准进行新产品生产，受到技术标准所面临市场不确定性水平的影响。当生产企业不采用新的技术标准而是沿用原有技术时，即 $i=1$ 且 $z=0$ 时，其确定性的利润水平为

$$r_2^{***} = \frac{(ha)^2}{16} \qquad (3.40)$$

当生产企业采纳新的技术标准进行产品生产时，其决策条件为，采纳后的期望利润应该大于不采纳时的利润水平，也就是式（3.39）≥式（3.40），即 $\dfrac{(ha)^2 fi}{(16f-i)} \geqslant \dfrac{(ha)^2}{16}$，整理后得到

$$i \geqslant \frac{16f}{16f-1} \qquad (3.41)$$

由于当且仅当 $i > 0$ 时，生产企业参与技术标准扩散的活动才会发生，因此可

得，当且仅当 $1 > f > \dfrac{1}{16} = f^{*}$ 时，生产企业才会采用新技术标准并实施产品生产

与市场扩散行为。当 f 处于有效区间时，令 $i_{tf} = \dfrac{16f}{16f-1}$ ，i_{tf} 就是市场不确定性的

阈函数，tf 代表阈值情况，而且是合作情况下下游企业采纳新技术所对应的市场不定性风险的阈值。该结果表明，对于每一个特定的专用性投资水平，只有当市场不确定性水平小于相对应的阈值时，市场上的生产企业才会参与到技术标准的采用与市场扩散活动中。

4. 基于纵向合作机制的技术标准扩散模型

1）市场确定条件下

技术标准创新往往属于复杂性系统创新，创新难度大、风险大、成本高，因此，合作已经成了技术标准战略的重要组织和实施模式，以期通过成本分担、知识共享等方式提高新技术的研制与市场化效率。在产业化阶段的合作过程中，对生产成本的分担可以通过以下几种途径实现：第一，在研发技术标准的过程中，就考虑那些生产企业成员的情况，相互沟通，使技术标准在形成过程中就照顾到生产企业的资产状况，提高兼容度，从而节省生产成本；第二，技术标准持有企业可以免费为生产企业的员工进行技术培训和技术指导；第三，专利包的单位许可费得到一定程度的优惠。假设，技术标准持有者与下游生产企业结成合作关系后，专利包的单位许可价格从 p_1 调整为 $\varphi(p_1)\left[\varphi(p_1) > 0\right]$ ；技术标准持有企业对生产企业在生产过程中所发生的专用性资产投资的分担比例为 k （$0 < k < 1$ ，具体的分担方式参见3.1.3小节），即生产企业承担专用性资产投资的比例为 $1-k$ 。合作情况下，市场需求量记为 q_1 ，市场需求函数为 $q_c = a - p_c$ ，此时标准拥有企业的利润函数为 R_1 ，生产企业的利润函数为 R_2 。

纵向合作机制下，标准持有企业的利润函数为

$$R_1 = \left(hq_c + z\right)f\left(p_1\right) - kfz^2 \qquad (3.42)$$

生产企业的利润函数为

$$R_2 = \left(hq_c + z\right)\left[p_c - f\left(p_1\right)\right] - (1-k)fz^2 \qquad (3.43)$$

由式（3.31）和式（3.43）可以看出，对于生产企业而言，在合作创新情况下，其边际生产成本及技术标准采用成本都有所下降，这也是生产企业选择合作的重要理由之一。

借助倒推法求生产企业对产品产量的决策，即对式（3.43）求关于 q 的一阶导数，得到其均衡产量为

$$q_c^* = \frac{ha - h\varphi(p_1) - z}{2h} \qquad (3.44)$$

从式（3.44）可知，均衡时的产量仍然受到技术标准许可价格的决定作用。由于授权价格是由标准拥有企业制定的，故将式（3.44）代入式（3.42），并对 R_1 求关于 $\varphi(p_l)$ 的偏导数，可得

$$\varphi(p_l)^* = \frac{ha+z}{2h} \tag{3.45}$$

将式（3.44）和式（3.45）代入式（3.43），可以得到生产企业的均衡利润为

$$R_2^* = \frac{(ha+z)^2}{16} - (1-k)fz^2 \tag{3.46}$$

2）市场不确定条件下

不确定市场环境下生产企业的利润函数为

$$R_2^{**} = i\frac{(ha+z)^2}{16} - (1-k)fz^2 \tag{3.47}$$

对式（3.47）中求关于 z 的一阶条件可以得到

$$z^{**} = \frac{hai}{16f(1-k)-i} \tag{3.48}$$

由式（3.48）可以知道，不确定条件下，基于纵向合作关系的技术标准市场扩散效果取决于标准的原始生产成本、上游企业对成本的分担比例、市场不确定性水平，以及新技术对旧技术的替代率等因素。

将式（3.48）代入式（3.47）中可以得到生产企业最终的利润函数为

$$R_2^{**} \frac{(ha)^2 fi(1-k)}{|16f(1-k)-i|^2} \tag{3.49}$$

下面对技术标准持有企业与下游生产企业组建纵向合作关系时，技术标准的市场扩散效果及其变动机理进行性质分析。

（1） $\dfrac{\partial z^{**}}{\partial i} = \dfrac{ha[16f(1-k)]}{[16f(1-k)-i]^2} > 0$ ，该结果表明，纵向合作机制下，技术标准效应与市场不确定性水平正相关。该性质与基于市场机制的技术标准扩散方式下的结果相同，原理也一致。由此可以得出性质3.4。

性质3.4   不论是基于市场机制还是纵向合作机制，技术标准效应与市场不确定性水平成正比。

（2） $\dfrac{\partial z^{**}}{\partial f} = \dfrac{-16hai(1-k)}{[16f(1-k)-i]^2} < 0$ ，该结果表明，纵向合作机制下，技术标准效应与采用技术标准时所需投入的专用资产投资水平成反比。该性质与基于市场机制的技术标准扩散方式下的结果相同，原理也一致。由此可以得出性质3.5。

性质3.5   不论是基于市场机制还是纵向合作机制，技术标准效应与采用技术

标准时所需投入的专用资产投资水平成反比。

（3）$\dfrac{\partial z^{**}}{\partial h}=\dfrac{ai}{\left[16f\left(1-k\right)-i\right]^2}>0$，该结果表明，纵向合作机制下，技术标准效应与新技术对原有技术的替代率成正比。该性质与基于市场机制的技术标准扩散方式下的结果相同，原理也一致。由此可以得出性质3.6。

性质3.6 不论是基于市场机制还是纵向合作机制，技术标准效应与新技术对原有技术的替代率成正比。

（4）$\dfrac{\partial z^{**}}{\partial k}=\dfrac{16hfai}{\left[16f\left(1-k\right)-i\right]^2}>0$，该结果表明，纵向合作机制下，技术标准效应与技术标准持有企业对专用资产成本的分担比例成正比。本质上，该结果的原理与第（2）个结果的原理是共通的，上游技术持有企业对生产成本进行分担，事实上就是在降低生产企业的专用资产投资水平。因此，该结果反映的是上游技术标准持有企业对下游生产商采纳技术标准的激励方式，即可以通过标准研制过程中的信息沟通与知识协调及研制成功之后的培训支持或费用减免等方式，激励下游生产企业积极参与技术标准的产业化和市场扩散。对于新创立的技术标准，或者是面临较大市场不确定性的突变性技术标准而言，激励生产企业采用标准对标准的成功确立具有重要决定作用，研究结果表明，可以借助各种形式的成本分担机制来实现激励效果。由此可以得出性质3.7。

性质3.7 纵向合作机制下，技术标准效应与技术标准持有企业对专用资产成本的分担比例成正比。

（5）关于合作机制下市场不确定性的阈值。

生产企业不参与合作、不采纳技术标准时，即 $i=0$ 且 $z=0$ 时，其利润为

$$R_2^{***}=\dfrac{\left(ha\right)^2}{16} \tag{3.50}$$

生产企业参与合作的前提是合作后可以获得更大的利润，即式（3.49）>式（3.50），即 $\dfrac{\left(ha\right)^2 if\left(1-k\right)}{\left|16f\left(1-k\right)-i\right|^2}\geq\dfrac{\left(ha\right)^2}{16}$，整理后可以得到 $i\geq\dfrac{16f\left(1-k\right)}{16f\left(1-k\right)-1}$。

由上式可得，当且仅当 $1>f>\dfrac{1}{16(1-k)}=f^{**}$ 时，生产企业才会作为联盟成员参与到技术标准的采纳和新产品的生产过程中。当 f 处于有效区间时，令 $i_{tfm}=\dfrac{16f\left(1-k\right)}{16f\left(1-k\right)-1}$，那么 i_{tfm} 就是生产企业与技术标准持有企业组建战略联盟，共同合作对技术标准开展产业化和市场扩散的市场不确定性的阈函数，*tfm*代表合作机制下，下游生产企业采纳新技术所要求的市场不确定性风险阈值。结合前文相

关结论，可以得出性质3.8。

性质3.8 不论是基于市场机制还是纵向合作机制，下游生产企业是否采用技术标准的决策都会受到技术标准市场不确定性水平的影响，存在阈值制约。

5. 比较分析

下面通过对合作及不合作情况下技术标准的扩散效果进行比较，揭示纵向合作机制是否有助于产生更显著的技术标准扩散效应，即纵向合作相对于市场而言是否是一种更具优势的组织模式。

1）量的比较

产品产量，也即对技术标准的市场需求量，是技术标准扩散效果最为直接的测量指标，所以我们首先对纵向合作机制下及市场机制下应用技术标准所产出的产品产量进行比较，由式（3.13）～式（3.3）可以得到

$$q_c^* - q^* = \frac{ha - h\varphi(p_1) - z}{2h} - \frac{ha - hp_1 - z}{2h} = \frac{p_1 - \varphi(p_1)}{2}$$

由于合作情况下，生产企业作为联盟成员往往可以以较低价格获得技术的使用权，因而 $p_1 - \varphi(p_1) \geq 0$，所以 $q_c^* - q^* \geq 0$。这意味着，合作创新情况下，产品产量会增加，从而有利于提高新技术标准的市场份额和市场影响力，巩固技术标准的地位。由此得出结论3.1。

结论3.1 相对于市场机制而言，技术标准持有企业与生产企业之间结成纵向合作关系有助于提高技术标准的市场需求量，从而产生更为显著的技术标准市场扩散效应。

2）技术标准效应的比较

技术标准所能够产生的标准效应，或者是网络外部性效应，是衡量技术标准影响力和扩散效果的另一个重要指标。下面对市场机制与纵向合作机制下技术标准效应的大小进行比较。计算式（3.48）与式（3.38）的差值可以发现，当 $1 > k > 0$ 时，始终有 $\dfrac{hai}{16f(1-k)-i} - \dfrac{hai}{16f-i} > 0$，即 $z^{**} > z^*$，也就是说，技术标准持有企业与下游生产企业结成成本分担联盟时，有助于吸引更多的消费者，从而促进技术标准的扩散。由此可以得出结论3.2。

结论3.2 相对于市场机制而言，技术标准持有企业与生产企业之间结成成本分担联盟有助于提高技术标准的网络外部性效应，从而强化技术标准的市场扩散。

3）专用资产投资水平承受能力的比较

技术标准采纳成本也是影响技术标准市场扩散的重要因素，下面比较市场机制与纵向合作机制对技术标准专用性资产投资水平的承受能力（即投资临界值的大小），也就是对投资水平 f 的有效区间进行比较。通过前文研究结果已知，市

场机制下 f 的有效区间为 $\frac{1}{16}<f<1$，而合作机制下 f 的有效区间为 $\frac{1}{16(1-k)}<f<1$，因此，当 $1>k>0$ 时，有 $\frac{1}{16}<\frac{1}{16(1-k)}$，也就是说合作机制下投资水平的最低临界值更高。从而可知，合作机制下对专用资产投资水平的承受能力更高，更有助于保证技术标准成功获得产业化。由此可以得出结论3.3。

结论3.3　相对于市场机制而言，技术标准持有企业与生产企业之间结成纵向合作关系有助于提高技术标准采纳过程中所产生专用性资产投资水平的承受能力，从而有助于保证技术标准的市场扩散。

4）市场不确定性水平承受能力的比较

技术标准市场化过程中会面临显著的市场不确定性风险，因此对该风险的应对能力也是决定技术标准产业化和扩散效果的决定性因素，下面比较市场机制与纵向合作机制对于市场不确定性水平的承受能力，也就是对市场不确定性水平的临界值进行比较。通过前文研究结果已知，市场机制下，生产企业采纳技术标准所要求的市场不确定性水平阈值为 $i_{tf}=\frac{16f}{16f-1}$，而纵向合作机制下市场不确定性水平的阈值为 $i_{tfm}=\frac{16f(1-k)}{16f(1-k)-1}$，因此，当 $1>k>0$ 时，始终有 $\frac{16f}{16f-1}\leqslant\frac{16f(1-k)}{16f(1-k)-1}$，也就是说 $i_{tf}\leqslant i_{tfm}$。从而可知，上下游企业结成合作关系时对市场不确定风险的抵抗能力更高。市场不确定性是新技术产品化过程中的巨大威胁，直接关系到新技术和新产品的市场绩效，提高对市场不确定的抵抗能力，有利于新技术标准的市场扩散。由此可得到结论3.4。

结论3.4　相对于市场机制，技术标准持有企业和生产企业结成纵向合作关系有助于提高技术标准对市场不确定性的承受能力，从而有利于保证技术标准的市场扩散。

6. 研究结论

本小节对技术标准的市场扩散机制进行了比较研究，具体而言，针对基于市场许可机制及基于纵向合作机制的技术标准扩散效果进行了比较研究。揭示了技术标准持有者与下游生产企业结成技术扩散合作关系时，技术标准效应的变动机制，并分析了纵向合作机制相对于市场机制在促进技术标准扩散方面的优越性。主要研究结论可以归纳为以下两个方面。

第一，在技术标准效应及其变动机制方面，本小节研究结果表明，无论是基于市场机制还是基于纵向合作机制，技术标准效应的变动机理存在较高的内部一致性，表现为：不论是基于市场机制还是纵向合作机制，技术标准效应与市场不确定性水平成正比；技术标准效应与采用技术标准时所需投入的专用资产投资水平成反比；技术标准效应与新技术对原有技术的替代率成正比；在纵向合作模式下，还存在一个专属性变动机制，即技术标准效应与技术标准持有企业对专用性资产投资水平的分担比例成正比。此外，下游生产企业是否采用技术标准的决策都受到技术标准市场不确定性水平的影响，存在阈值制约。

第二，在技术标准扩散效果方面，本小节研究结果表明，基于纵向合作机制的技术标准扩散方式会取得明显优于基于市场许可机制的技术标准扩散模式，具体作用机理表现为：相对于市场机制而言，技术标准持有企业与生产企业之间结成纵向合作关系有助于提高技术标准的市场需求量，从而促进技术标准扩散；技术标准持有企业与生产企业之间结成成本分担联盟有助于提高技术标准的网络外部性效应，从而强化技术标准的市场扩散；技术标准持有企业与生产企业之间结成纵向合作关系有助于提高技术标准采纳过程中所产生专用性资产投资水平的承受能力，从而保证技术标准的市场扩散；技术标准持有企业和生产企业结成纵向合作关系有助于提高技术标准对市场不确定性的承受能力，从而保证技术标准的市场扩散。

3.2 技术标准联盟中的横向伙伴关系治理

3.2.1 问题背景

除了上下游纵向伙伴类型之外，技术标准联盟中还存在竞争对手所组建的横向伙伴关系。与直接竞争对手开展合作关系的动机往往也是资源或者技能的互补和相互依赖，这种同时竞争与合作的合作关系也被学者们称为"竞合关系"（Padula and Dagnino，2007；Zineldin，2004；Bengtsson and Kock，2000）。很多学者指出，对于复杂的竞合关系而言，合作能否持续的主要影响因素在于治理结构和治理机制的选取是否有效。因此，本书在本节专门针对技术标准联盟中的横向伙伴关系（也就是竞合关系）的治理结构选择问题进行一定研究，尝试找出有利于维持横向伙伴关系并实现技术标准联盟整体目标的有效治理结构。为了使研究具有明确性和逻辑性，我们选择资源和风险对联盟结构选择的影响关系为主线，对治理结构的选择机制进行实证研究。

3.2.2 研究方法

本节将采用实证研究方法，具体为结构方程模型（structural equation modeling，SEM）方法，对技术标准联盟中的横向伙伴关系治理问题进行研究。

所谓"实证研究"（empirical research；empirical study；positive research），可

以概括为通过对研究对象大量的观察、实验和调查，获取客观材料，从个别到一般，归纳出事物的本质属性和发展规律的一种研究方法。实证主义所推崇的基本原则是科学结论的客观性和普遍性，强调知识必须建立在观察和实验的经验事实上，通过经验观察的数据和实验研究的手段来揭示一般结论，并且要求这种结论在同一条件下具有可证性。

关于实证研究的产生，它作为一种研究范式，产生于培根的经验哲学和牛顿、伽利略的自然科学研究。法国哲学家孔多塞（1743～1794年）、圣西门（1760～1825年）、孔德（1798～1857年）倡导将自然科学实证的精神贯彻于社会现象研究之中，他们主张从经验入手，采用程序化、操作化和定量分析的手段，使社会现象的研究达到精细化和准确化的水平。孔德1830～1842年《实证哲学教程》六卷本的出版，揭开了实证主义运动的序幕，在西方哲学史上形成了实证主义思潮。

实证研究方法有狭义和广义之分。狭义的实证研究方法是指利用数量分析技术，分析和确定有关因素间相互作用方式及数量关系的研究方法。狭义实证研究方法研究的是复杂环境下事物间的相互联系方式，要求研究结论具有一定程度的广泛性。广义的实证研究方法以实践为研究起点，认为经验是科学的基础。广义实证研究方法泛指所有经验型研究方法，如调查研究法、实地研究法、统计分析法等。广义的实证研究方法重视研究中的第一手资料，但并不刻意去研究普遍意义上的结论，在研究方法上具体问题具体分析，在研究结论上，只作为经验的积累。鉴于这种划分，我们将实证研究区分为数理实证研究和案例实证研究。

实证研究方法在西方管理会计研究中的兴起始于20世纪80年代中期，我国学者对此给予了高度重视，并从技术性的层面上对管理会计中实证研究的方法结构进行了中肯的分析（王光远和贺颖奇，1997）。近几年来，我国也出现了理论研究者运用实证研究方法对我国企业成功的管理会计案例进行归纳和理论总结的实例。实证研究方法在管理会计研究中受到了前所未有的重视，并且取得了一定的成果。但管理会计研究中对实证研究方法的采用还只是处在一个相当稚嫩的阶段。

实证研究的一般步骤是：①进行调查，或案例研究、访谈、实验；②将通过调查，或案例研究、访谈、实验等途径获得的数据资料做系统整理和计量分析；③概括和归纳计量分析的结果；④以逻辑和数学方法得出研究结论；⑤做出理论上的诠释，建立理论模型；⑥检验研究命题或理论模型，接受或修改甚至推翻原假设。

实证研究的基础要素是数据，获取所需数据的途径和方法主要有以下几种：①问卷调查法。围绕研究设计所选定的特定命题，设计科学、合理的问卷，进行问卷调查，根据收回的有效问卷进行实证分析，这是一种相对简便易行而又常用的实证法。采用这种方法，对问卷设计的要求比较高，问卷既要便于接受调查者理解和准确回答，又要能全面、准确地涵盖所需了解的问题。另外，为了保证问卷调查研究成果的质量，还要尽量提高问卷的回收率和所回收问卷的有效性。②观察法。研究者直接观察他人的行为，并把观察结果按时间顺序系统地记录下来，这种研究方法就叫观察法。③访谈法。其是研究者通过与对象面对面的交谈，在口头信息沟通的过程中了解对象心理状态的方法。④实验法。研究者在严密控制的环境条件下有目的地给被试者一定的刺激以引发其某种心理反应，并加以研究的方法称为实验法。实验法根据实施场地的不同被区分为实验室实验和现场实验两种类型。

数据回收之后需要借助实证分析工具进行数据分析与挖掘，常用的分析工具有计量经济学方法、数理均衡分析、社会学分析方法等。当与研究对象相关的研究变量难以直接刻画和测量（即统计年鉴等二手数据来源中缺乏针对性指标）时，往往需要借助于社会学实证分析工具进行处理，通过设定潜变量（又称为隐变量或不可观察变量）和显变量的方式，对目标变量进行必要的逐层测量。这方面比较专业和成熟的处理方法为结构方程模型方法，所使用到的具体工具包括SPSS和AMOS等软件。

结构方程模型是一种能控制大量外生变量、内生变量及潜变量、观察变量并描述成线性组合（加权平均）的建模技术，也是一种非常柔性的参数为线性的多变量统计建模技巧。它的基本概念可以总结为"三个两"，即两类变量、两个模型和两种路径。两类变量是指观测变量和潜变量；两个模型是指测量模型和结构模型；两种路径是指潜变量与观测变量之间的路径，以及潜变量之间的路径（刘大维，1999）。多元回归（multiple regression）、路径分析（path analysis）、因子分析等，都是结构方程模型的特殊情况。它是计量经济学、计量社会学与计量心理学等领域的统计分析方法的综合；要求建模者依据一个变量对另一个变量不确定方向影响的方法构造模型，每一个方向的影响对应路径（流向）图中的一个箭头，在结构方程模型中也能把测量误差与方程中的误差分离开，并且能在各种误差内使误差项发生相互关系。结构方程模型的估计是用协方差分析方法（矩的方法）完成的。这种分析方法能为有限的内生变量提供精确的估计，其拟合优度检验用来确定研究者描述的模型是否与数据中的方差–协方差模型一致。

结构方程模型是一种相对新的方法，它是一种非常通用的、主要的线性统计建模技术，起源于20世纪60年代，到90年代初期开始得到广泛的应用，目前广泛应用于心理学、经济学、社会学、生理学、政治学、教育研究和市场研究之中（Anderson and Gerbing，1988），但在国内管理学的研究中运用还不多。本节之所以选择结构方程模型来构建各变量之间的关系，是因为它具有一些其他统计检验方法所不具备的优越性。它可以用联立方程组求解，而没有很严格的限制条件，同时允许自变量和因变量存在测量误差（measurement errors）；它使用的数据不必是客观数据，而是相对主观的数据。结构方程的很多特点优越于多元回归、路径分析、计量经济学中的联立方程组等方法，这些方法只能处理有观察值的变量，而且还要假定其观察值不存在测量误差。然而在社会科学中，许多变量，如智力、能力、信任、自尊、动机、成功、雄心、偏见、保守等概念并不能直接测量。实际上，这些变量基本上是人们为了理解和研究社会的目的而建立的假设概念，对于它们并不存在直接测量的操作方法。人们可以找到一些可观察的变量（observed variable）作为这些潜变量（latent variable）的"指标"（indicators），然而这些潜变量的观察表示总是包含了大量的测量误差。在统计分析中，即使是对那些可以测量的变量，也总是不断受到测量误差问题的侵扰。自变量测量误差的发生会导致常规回归模型参数估计产生偏差。虽然传统的因子分析允许对潜在的变量设立多元标志，也可以处理测量误差，但是它不能分析因子之间的关系。只有结构方程模型既能够使研究人员处理测量误差，又可采用多个指标去分析潜在变量之间的结构关系，较传统回归方法更为准确合理（Lin and Hau，1995）。由于它允许变量存在误差，十分适合社会科学中各项不能精确计量的指标的研究，管理学也是如此。

结构方程模型主要是一种证实性（confirmatory）技术，而不是一种探测性（exploratory）技术（郭志刚，1999）。也就是说，尽管结构方程模型分析中也涉及一些探测性的因素，但研究人员主要通过应用结构方程模型来确定一个特定模型是否合理，而不是将其用来寻找和发现一种合适的模型。

应用结构方程模型有五个主要步骤：①模型设定（model specification），即在进行模型估计之前，先要根据理论或者以往研究成果来设定假设的初始理论模型。②模型识别（model identification），决定所研究的模型是否能够求出参数估计的唯一解。在有些情况下，由于模型设定错误，其参数不能识别，求不出唯一的估计值，因而模型无解。③模型估计（model estimation），模型参数可以采用不同的方法来估计，最常用的估计方法是最大似然法（maximum likelihood）和广义最小二乘法（generalized least squares）。④模型评价（model evaluation），在取得了参数估计值以后，需要对模型与数据之间是否拟合进行评价，并与替代模型的拟合指标进行比较。⑤模型修正（model modification），如果模型不能很好地拟合数据，就需要对模型进行修正和再次设定。这种情况下，需要决定如何删除、增加或者修改模型的参数。通过参数的再设定可以增进模型的拟合程度，在实际操作中，根据软件输出中提供的模型修正指数与初始模型中的检验结果来决定模型的再设定。一旦需要重新设定模型，就要重复以上五个步骤的工作。这五个步骤构成了应用结构方程模型来研究一个理论模型的基础工作。

模型评价用拟合优度来度量，它是指根据数据得出的模型的参数值与理论模型的参数值之间的吻合程度。在证实性分析中，对于一个模型来说，存在模型的真正总体协方差、估计总体协方差、样本协方差和估计协方差，因而，一个特定模型存在四类差异——整体差异、近似差异、估计差异和样本差异，模型拟合优度就是评价一个特定模型的差异程度。一般来说，主要从三个方面进行模型拟合优度评价（郭志刚，1999）。

（1）关于模型的总体拟合程度。常用的拟合指标有：①拟合优度的卡方检验（χ^2 goodness-of-fit test），卡方值越小越好，但卡方值与样本规模相关联，常常不能很好地判定模型的拟合；②卡方值与自由度之比，是直接检验样本协方差矩阵和估计协方差矩阵之间相似程度的统计量，理论期望值为1，其值小于2，则可以认为模型拟合较好，小于3也可以接受；③拟合优度指数（goodness-of-fit index，GFI）和调整的拟合优度指数（adjusted goodness-of-fit index，AGFI），它们的值都在0至1之间，当大于0.9时，一般都认为模型能够拟合观测数据，它们与样本规模有一定关系；④近似误差的均方根（root mean square error of approximation，RMSEA），一般要求小于0.06，说明模型拟合很好，若在0.06～0.08，表示模型拟合较好。对于卡方值的显著水平P，一般要求大于0.05，即统计上应该是不显著的。但P<0.05，并不能说明模型拟合不好，因为卡方值受样本规模影响，如果其他评价指标显示较好，则说明模型仍然拟合得不错。

（2）关于比较拟合指数（comparative fit index）。常用的拟合指标有Bentler和Bonett提出的规范拟合指数（Bentler-Bonett normed fit index，NFI）、Bentler提出的比较拟合指数（comparative fit index，CFI）、波伦（Bollen）提出的递增拟合指数（incremental fit index，IFI）、Tucker-Lewis指数（TLI）。它们是从设定模型（specified model）的拟合（或是用拟合函数，或是用卡方值）与独立模型（independence model）的拟合之间的比较中取得的，不随样本容量的大小而变化，其值都在0～1，当大于0.9时，一般都认为模型能够拟合观测数据。

（3）关于模型简化性拟合优度指标。常用的拟合指标有Akaike信息标准（Akaike information criterion，AIC），其值越小就越说明模型简约并拟合很好（小到什么程度最好并没有明确界限）。拟合度指数优良只是判定模型可接受程度的一个指标，而真正确定一个模型则要看理论在多大程度上能够解释模型。如果说拟合度指数判别是定量分析，那么理论说明则是定性分析。决定一个模型是否可接受常常是定性与定量分析的结果。

综上，本节将借助实证研究中的结构方程模型方法，对技术标准联盟中的横向伙伴关系治理问题进行实证分析，从资源共享类型与感知风险两个方面揭示横向伙伴关系对联盟治理结构的选择偏好问题。

3.2.3　现有相关研究

现有关于联盟结构模式选择的研究，主要从资源和风险角度进行了探讨。从资源角度开展的研究认为，资源特点决定联盟的形成与形式，即合作成员向联盟投入的关键资源，决定着其对联盟治理结构的选择偏好（Das and Teng，2000；Hamel，1991）。Hamel（1991）曾指出，某些公司建立战略联盟的目的，就是想通过这一途径来学习或者是窃取其他公司的稀有资源。因此，既保护自身资源又为获取所需的伙伴资源提供有利条件，是选择联盟结构的主要出发点。鉴于各种联盟结构不管简单契约还是层级结构安排中都会发生资源或知识转移，只是转移的水平与方式会有所不同（Hamel，1991），从而资源特征，如可模仿性、可转移水平、在不同业务间的渗透性等，都将决定联盟结构的选择偏好。

从风险角度进行研究的学者则认为，规避风险的动机决定了联盟结构的选择偏好（Das and Teng，2001）。针对联盟决策的复杂性，学者们把联盟风险划分为合作风险（也有学者称之为关系风险）和绩效风险两类（Das and Teng，1999）。管理者通过对企业未来在联盟中可能遇到的风险种类和程度的评价来选择有效的规避方法，由于联盟的各种结构模式具有自身的特性，在规避风险的种类和能力上也各有不同，所以面对不同的风险感知时，企业对联盟结构的选择偏好也有所不同。对于竞争性联盟，交易成本理论指出，由于在竞争对手面前保护企业的核心能力和技术诀窍（know-how）更加困难，合作成员的机会主义行为动机更加强烈，而且这种动机会随着其识别和占有其他成员关键技术和诀窍能力的提高而不断增强，所以为了避免这种投机行为产生的不利影响，竞争性联盟必须在治理结构方面采取某些必要措施，如设立完备契约、加强联盟过程中的监督和控制等。

考察现有相关研究，可以发现以下问题与不足：①从资源角度研究战略联盟结构模式的选择偏好问题时，现有研究主要从企业自身角度，考察其资源投入对联盟结构偏好的影响，然而Das和Teng（2000）的研究表明，企业与伙伴的资源投入组合才是决定联盟形式的主要因素。因而，对联盟结构进行决策时，需要同时关注企业自身及合作伙伴向联盟投入的资源类型。②研究风险和结构模式之间的关系时也存在问题，目前研究联盟风险的文献主要采用了合作风险与绩效风险的分类方法，由于两个概念的内涵都过于广泛，因而导致了不一致的研究结论，因此有必要尝试对内类风险分别进行研究，针对每一类风险的具体特性进行细致研究。③单纯从资源或风险角度去研究联盟结构模式选择都有其不足之处，在一般的战略联盟中，联盟结构模式选择必然面临着风险，而风险来源的基础是参与联盟的企业投入了关键资源。换言之，资源、风险与联盟结构选择三个变量之间是存在密切的相互影响关系的。④不同的资源投入组合将形成不同类型的竞争性联盟，相应地可能会在联盟内产生不同形式及水平的合作风险，并对联盟结构选择偏好产生不同的影响，所以有必要对不同类型联盟中，资源、风险、结构模式选择偏好三者间的影响关系进行对比分析，检验影响模式是否存在显著差异。⑤目前，大多数研究只是提出了概念模型和假说，却没有进行实证检验，无法保证这些模型和假说的可信度（Das and Teng，1999）。

为了对上述问题进行改进，下文在对资源类型、风险、联盟结构选择偏好三者间的相互影响关系进行整合研究时，主要设计了以下方面的具体内容：一是关注合作成员向联盟投入的资源情况，尤其是资源的战略价值；二是根据伙伴所投入资源类型是否对称，对横向伙伴关系所形成的联盟类型进行划分；三是识别横向伙伴间合作风险的表现形式，并进行归类分析；四是借助调节效应和中介效应分析方法，比较分析所划分联盟类型之间，资源、合作风险、联盟结构选择偏好三个变量的影响模式是否存在显著差异，并最终判定不同类型的横向伙伴关系治理结构偏好的形成机制。

3.2.4 研究变量

1. 资源战略价值

本节用巴尼提出的VRIO模型来评价资源的战略性价值。巴尼在《从内部寻求竞争优势》一文中概括了该模型的核心思想：可持续竞争优势不能通过简单地评估环境机会和威胁，然后仅在高机会、低威胁的环境中通过经营业务来创造。可持续竞争优势还依赖于独特的资源和能力，企业可将这些资源和能力应用于环境竞争中。为了发现这些资源和能力，管理人员必须从企业内部寻求有价值的、稀缺的、模仿成本高的资源，然后经由他们所在的组织开发利用这些资源，因此所谓VRIO模型，就是指价值（value）、稀缺性（rarity）、难以模仿性（inimitability）和组织（organization）。本小节就基于这四个指标来测度企业所投入资源的战略价值，越满足这四个条件的资源所具有的战略价值就越高。

2. 合作风险

合作风险是联盟的特有风险，是指对企业间合作关系的不满意，它关注于伙伴企业对联盟做出不可置信承诺的可能性，以及伙伴实施对联盟前景造成消极影响的机会主义行为的概率。有学者指出，合作风险的重要来源与基础是参与联盟的企业投入了关键资源（Das and Teng，1999），这些资源可能会被合作伙伴模仿和转移，从而削弱资源的战略价值，使企业丧失原有竞争优势。合作风险的内涵较为广泛，每一类资源所具有的不同特性将产生不同的合作风险，所以为了获得更为清晰的理论模式及较为确定的研究结果，有必要对合作风险进行细化分类。

对于竞争性战略联盟中具体的合作风险，学者们主要识别了以下内容（Dussauge et al.，2000，2004），即占用大量的时间与资源、产生高额的协调和控制成本、成员间的矛盾冲突、信任危机、管理不兼容、对伙伴的依赖性风险、失去某些技能、丧失企业原有核心竞争力、强化了对手的竞争优势、被伙伴企业接管或兼并等。对这些常见的合作风险进行归纳，我们归纳了两个维度的合作风险，即不灵活风险（或套牢风险hold-up risk）及能力损失风险（loss of capacity）。其中，不灵活风险的测量指标包括四个：对联盟投入的专用性资源/资产；企业所投入资源被伙伴占有或利用；企业对伙伴的资源有显著依赖性；企业曾经被伙伴敲竹杠。能力损失风险的测量指标包括三个：企业的技能被伙伴模仿；企业的重要技术或资产被伙伴窃取；企业在合作过程中（为了配合合作关系）放弃了某些原有技能或者业务。

3. 横向伙伴的治理结构

目前学者们已经提出了很多种战略联盟结构模式的分类方法（刘益等，2004）。Killing（1988）及Yoshino和Rangan（1995）将联盟分为三类，即非传统形式的合同、相互参股联盟和股份合资企业。Ring和van de Ven（1992）将联盟分成了周期性合同和合作合同。杜尚哲等（2006）按照从市场到等级组织制度的连续性将联盟分成了四种形式，即研发协议、无组织的联合制造项目、半组织形式的项目和基于商业的股份合资企业。但是并非所有的分类法都为学术界所广泛采用，目前大多数关于战略联盟结构的研究使用的分类法是契约式结构和股权式结构。其中契约式结构可以进一步细分为单边契约与双边契约模式，股权式结构可以划分为单边持股、相互持股及合资企业三种类型。

按照联盟结构模式的等级化（hierarchical）水平，学者们对这些常用的合作结构模式进行了排序。Gulati和Singh（1998）按照从等级制到市场交易（market-transaction）的顺序，区分了合资、少量股权及战略联盟这三种组织形式。Santoro和McGill（2005）则专门针对联盟的几种常见模式进行了排序，从市场到等级制的联盟结构依次为特许（licensing）、交叉特许（cross-licensing）、双边合约联盟（bilateral alliance）、少量股权联盟（minority equity alliance）和股权合资（equity joint venture）形式。

本小节借助联盟结构紧密水平这一变量对联盟结构模式进行表达与刻画，即把现实中应用广泛的五种联盟结构——交流协议、外包协议、交叉许可、少量股权、合资企业，顺次定义为联盟结构紧密水平依次增强。

4. 横向伙伴所结成的联盟类型分类——规模型与互补型

对横向伙伴关系类型的划分是基于伙伴各自所投入资源的类型是否相同而实施的，因此这里首先对资源类型进行梳理。

基于资源的战略联盟观点认为，联盟就是为了获得企业发展所欠缺的、对提高竞争地位具有关键作用的战略资源。一些研究检验了企业可能向联盟投入的资源类型（Das and Teng, 1999）；Blodgett（1991）识别了在跨国合资公司中合作伙伴投入的三种资源，即技术、当地知识和营销技巧、对政府的说服力；Chi（1994）提出技术、营销和管理是联盟中三种独特资源；Lyles和Reger（1993）以合资企业为研究对象，指出下列几种资源是合资企业拥有的独立于各合作伙伴母公司的资源，即研发能力、资金、技术专长、独立的机构和地理位置；Hennart（1988）提到了原材料和元件、分销渠道及资金三种资源；Verdin和Williamson（1994）提出了可能投入联盟中的五种战略资源，即设备及财务等投入性资源、加工技能资源、渠道资源、顾客资源和市场知识资源。

对资源进行分类时，本节首先借鉴Das和Teng（2000）、Barney（1991）等的经典研究模式，将物质资源（包括实物和财务资源）、技术资源和管理资源作为合作成员向联盟投入的资源类型；此外，鉴于竞争对手在市场终端具有直接竞争和产品替代关系，所以市场资源（如销售渠道）对于竞争性联盟是一类既敏感又重要的资源，具有特殊意义，所以有必要将市场资源从物质资源中独立出来（传统分类方法中销售渠道属于物质资源），进行重点研究。综上，本节将资源划分为物质资源、技术资源、管理资源和市场资源四种类型。这意味着，如果横向伙伴同时向合作关系（联盟）投入了相同类型的资源，如都为物质资源或者都为技术资源，即Das和Teng（2000）所指的增补性资源（supplementary resource），那么，此时的横向伙伴合作关系被称为规模型横向联盟；而如果横向伙伴彼此投入了不同类型的资源，如一方投入了物质资源而另一方投入的是技术资源，也即互补性资源（complementary resource），那么此时横向伙伴形成的就是互补型横向联盟。同时这种分类方法也在Dussauge等（2000，2004）的研究中被采纳。

3.2.5　研究假设

1. 关于直接效应的假设

1）资源战略价值与合作风险感知之间

有些学者指出，在由横向伙伴组成的竞合关系中，必然会有一方伙伴的地位或者能力得到增强，而同时另一方伙伴的能力被削弱，因为前者通过某些途径获取了后者所拥有的有价值的资源或者是模仿了其独有的技术技能（Hamel，1991；Reich and Mankin，1986）。因此，企业向联盟投入的有战略价值的资源越多，或者换言之，企业投入资源的战略价值越高，其他伙伴学习、模仿、占有、窃取这些资源的动机就越强。一旦这些行为发生了，企业的竞争力就会被弱化。除此之外，如果横向伙伴之间采取了分工合作的模式，即按照各自的特长，分别分配一部分任务，然后再将各自成果进行集成，那么，为了配合分工，企业有可能需要放弃某些以前一直从事的功能而专心于所分配的任务，或者是将此前从事的功能让渡给伙伴来实施，这样的话，就很容易导致企业丢失掉这部分功能及相应的资源能力和企业对其他伙伴的依赖性明显增强（Hoetker，2006；Karim，2006；Dussauge et al.，2004，2000），这些会增加企业对合作风险的感知水平。综合以上分析，我们提出假设3.1。

假设3.1　企业向联盟所投入资源的战略价值与企业在横向联盟中所感知的合作风险呈正相关关系，其中合作风险包括不灵活风险（套牢风险）和能力损失风险。

2）合作风险感知与联盟结构选择偏好之间

如果企业在联盟中感知到了资源套牢或者能力损失等关系风险，如关键资源或技能被伙伴学习模仿甚至转移，那么，为了保护自身的战略性资源免受侵占，企业将倾向于减少与横向伙伴的接触机会以降低伙伴的学习机会。减少接触的有效方法之一就是选择松散的伙伴治理结构以控制接触的频率和互动的深度，如将可以接受的接触规定在合约之中，除此之外不再开展其他互动。选择这种松散治理结构理论上可以通过减少相互接触而保护企业自身的有价值资源和技能（Santoro and McGill，2005；Das and Teng，1999，2001；Das，1998）。由此我们提出假设3.2。

假设3.2　企业在横向联盟中感知到的合作风险越高，包括不灵活风险（资源套牢风险）和能力损失风险，那么，企业越会倾向于选择松散的联盟结构。

3）资源战略价值与联盟结构选择偏好之间

在由横向伙伴组成的联盟中，伙伴之间往往存在不完全一致的目标追求，甚至存在相互矛盾的利益，因此伙伴间的冲突往往是比较严重和突出的，包括相互间的猜疑和不信任等。因此，很难借助于关系资本或者是承诺机制来协调横向伙伴关系，因为承诺在竞争对手之间是不被信任的。鉴于此，当企业向联盟中投入有价值的战略性资源时，企业必然产生较高的关系风险感知，包括套牢风险及能力损失风险，为了保护自身的资源，企业将倾向于选择松散的合作结构，以避免伙伴有较多机会接触自己的核心资源（Chen H and Chen T J，2003）。因此，我们提出假设3.3。

假设3.3　企业向横向联盟所投入资源的战略价值越高，其越倾向于选择松散的联盟治理结构。

2. 关于中介效应的假设

对于联盟结构的选择偏好，企业所投入资源的战略价值及企业对关系风险的感知似乎同时发挥着决定作用。不同于既有研究，我们认为如果将资源和关系风险割裂开来分别判定其对联盟结构选择偏好的决定作用的话，是有可能会导致片面结论的。原因在于，我们认为企业对合作风险的感知很有可能是由其自身向联盟投入的资源价值决定的，或者至少是有显著影响关系的，这就意味着很有可能是企业所投入资源特征在直接及间接地决定着企业对联盟治理结构的最终选择偏好，而企业对关系风险的感知可能仅仅是中介因素而已。因此我们提出以下有关中介效应的假设3.4。

假设3.4　关系风险包括不灵活风险（套牢风险）和能力损失风险，在资源价值与联盟结构选择偏好的因果关系间发挥着中介作用。

3. 关于调节效应的假设

本小节中，我们主要关注联盟类型（横向伙伴关系的类型）所发挥的调节作用，换言之，我们将验证在不同类型的横向伙伴之间，资源价值、感知合作风险与联盟结构选择偏好之间的因果关系是否存在显著差异。在前文的变量介绍部分，我们已经根据文献对横向伙伴关系的主要类型进行了划分，即划分为规模型横向联盟和互补型横向联盟。因此，也就是说，我们将验证在规模型横向联盟和互补型横向联盟之间，企业对联盟结构的选择机制是否存在实质性不同。理论上，在规模型联盟中，即伙伴向联盟投入了相同类型的资源，从而资源的战略价值也相似，伙伴之间的相互依赖性和资源套牢风险相对较小，所以伙伴将偏好于松散的合作结构。相对而言，在互补型联盟中，由于资源的互补作用，伙伴之间的相互依赖程度较高，因此伙伴容易选择较为紧密的联盟结构以保证合作关系的维持，并可以持续利用或者接触伙伴所提供的互补性资源。因此，我们可以推测在规模型和互补型联盟中，资源价值与联盟结构选择偏好之间的因果关系会存在差异，由此我们提出假设3.5。

假设3.5　相对于互补型联盟，资源战略价值与松散型联盟结构偏好之间的因果关系在规模型联盟中更为显著。

接下来，我们分析感知合作风险与联盟结构选择偏好之间的因果关系是否在两种类型联盟中也存在差异。对于套牢风险，伙伴在互补型联盟中的感知强度往往高于在规模型联盟中的感知，原因在于资源异质性和互补性，企业投入的异质资源往往是联盟所特定需要的，因而通常具有一定的联盟专用性，也就因此而提高了资源的套牢风险。因此，在互补型联盟中，伙伴偏好于选择较为紧密的结构来约束和限制伙伴，让伙伴也深深嵌入联盟关系之中并对企业产生较高的依赖性。但是在规模型联盟中，情况则有所不同。企业之间的相互依赖性是水平相当的，因此，伙伴在联盟中会倾向于选择松散的合作结构，而没有必要借助治理结构来限制伙伴。对于能力损失风险，在异质资源的吸引下，互补型联盟中的资源侵占与窃取动机更高，因此伙伴的能力损失风险感知水平较高，伙伴会倾向于选择松散的联盟结构以减少深度接触和资源侵占（Chen H and Chen T J，2003）。在规模型联盟中，能力损失有两种途径，一是现有技能的流失，二是新创技能的单方独占（Dussauge et al.，2000）。因此，当伙伴基于密集的知识共享而共同研发出某项新技术后，伙伴可能会偏好于选择股权结构来公共分享新技术的知识产权，而避免被某一伙伴独占从而增强其竞争能力。综上，当选择联盟结构以规避能力损失风险时，企业在互补型联盟中偏好于松散结构而在规模型联盟中则可能偏好于紧密的联盟结构。因此,我们提出假设3.6。

假设3.6 相对于互补型联盟,规模型联盟中的伙伴更倾向于选择松散的联盟结构以规避(a)不灵活风险;但是,相对于规模型联盟,互补型联盟中的伙伴更倾向于选择松散的联盟结构来规避(b)能力损失风险。

3.2.6 数据的搜集

研究所依托的样本主要源自2009~2010年对重庆、深圳、北京、上海、成都等地区的企业进行的调研。在进行正式大规模调查之前,首先在重庆选择了部分企业进行了深度访谈与问卷预测试,以提高问卷的有效性。大样本调研阶段所采用的样本收集方法包括走访企业、参加行业博览会、向EMBA(executive master of business administration,即高级管理人员工商管理硕士)和MBA(master of business administration,即工商管理硕士)学员发放问卷,以及随机的网上调研。调研对象绝大部分来自企业的负责人、总经理、高层财务人员等,在行业选择方面,以制造业和高新技术行业为主,因为这两个行业是现阶段竞争性联盟应用较广的行业。此次共发放问卷600多份,收回问卷350份,经分析处理后,获得的有效问卷为190份,充分满足所设计量表中问题项目数(11个问题项)对样本数量的要求。

对于收回的问卷,首先从多个角度对其有效性进行了判断,以剔除无效问卷。方法如下:首先,判断联盟是否是由横向伙伴关系构成的。由于本小节研究的是对手间的合作,因此只有合作成员处于相同行业、具有直接竞争关系的合作才能够纳入分析,而对于那些纵向合作关系则予以剔除。主要是根据问题项"贵企业与合作伙伴是否是同行业中的竞争对手"进行判定。其次,看问卷填写人的职务,如果问卷填写人的职务与企业合作内容相关程度不高,则此问卷为无效问卷。再次,看合作时间的长短。合作时间在一年以内的,由于时间较短,合作的很多效果还不明显,问卷的可靠性、有效性程度较低,对于这些问卷也将其视为无效问卷。最后,观察回答问题的结果是否带有明显的规律性,或者对于从正反两个方面提问的同一内容,其回答结果是否自相矛盾,如果有这些现象就判别为无效问卷,进行剔除。

对于有效样本,需要进一步区分横向伙伴所构成联盟的类型,即判别是规模型联盟还是互补型联盟。判断依据主要有两个:一是根据问题项"贵企业与伙伴向联盟投入的资源类型是否相同",当受访企业的回答为"是"时,则联盟被视为规模型联盟,反之则视为互补型联盟;二是根据"贵企业/伙伴向联盟投入的主要资源分别是什么"一组问题的回答情况进行区分。

根据上述方法进行样本筛选后,结果显示,在最终的有效样本中,伙伴同时向联盟投入相同类型资源的规模型横向伙伴关系联盟有69个(占比36.32%),伙伴投入了不同类型资源的互补型联盟数量为121个（占比63.68%）。

3.2.7　数据分析与结果

表3.1和表3.2报告了因子分析的结果。这些结果表明本小节所采用的因子划分维度是可靠的。

表 3.1　可靠系数（Alpha 值）

项目	内容
样本容量	190.0
测量题项数	12
Alpha 值	0.809 0

表 3.2　解释变异量

公因子	提取因子的载荷平方和			旋转后提取因子的载荷平方和		
	特征值	解释变异量/%	累计解释变异量/%	特征值	解释变异量/%	累计解释变异量/%
1	4.120	34.334	34.333	3.328	27.737	27.737
2	2.079	17.329	51.663	2.430	20.252	47.990
3	1.785	14.878	66.540	2.226	18.551	66.540

1. 关于直接效应的分析结果

表3.3报告了结构方程模型的拟合优度，结果表明模型的拟合优度较好。表3.4显示了关于假设3.1～假设3.3的数据分析结果。变量间直接影响关系的分析结果表明：首先，企业投入联盟的资源的战略性价值与企业感知到的套牢风险和能力损失风险均呈显著正相关关系；其次，企业感知的套牢风险和能力损失风险与企业对紧密型联盟结构的选择偏好呈现显著的负相关关系；最后，企业投入资源的战略价值与企业对紧密型联盟结构的选择偏好呈现显著的负相关关系。因此，假设3.1～假设3.3都得到了实证数据的支持。

表 3.3　结构方程模型的拟合优度

模型	规范拟合指数	近似拟合指数	递增拟合指数	塔克-刘易斯指数	比较拟合指数	拟合优度指数	近似均方根指数	调整的拟合优度指数
默认模型	0.920	0.898	0.977	0.970	0.977	0.935	0.044	0.904

表 3.4 回归系数结果

因变量	路径	自变量	系数	标准差	临界比	显著水平
不灵活（套牢）风险	<---	资源的战略价值	0.275	0.085	3.224	0.001
能力损失风险	<---	资源的战略价值	0.446	0.122	4.205	***
联盟结构紧密程度	<---	不灵活（套牢）风险	−0.536	0.131	−4.108	***
联盟结构紧密程度	<---	能力损失风险	−0.202	0.066	−2.652	0.008
联盟结构紧密程度	<---	资源的战略价值	−0.280	0.107	−2.601	0.009

***表示 $P<0.001$

2. 关于中介效应的分析结果

表3.5报告了中介效应的分析结果，同时也是关于假设3.4的检验结果。模型1和模型2的路径系数表明，当增加不灵活（套牢）风险因子后，所有路径系数仍然保持显著性，而且资源战略性价值对联盟结构紧密程度的影响系数会变小，这意味着，不灵活风险在资源战略价值与联盟结构紧密程度选择偏好这一对影响关系中发挥着显著的中介作用，而且是部分中介作用。同理可知，当对模型1和模型3的路径系数结果进行比较后可以发现，能力损失风险在资源战略价值与联盟结构紧密程度偏好这对影响关系中也同样发挥着显著的部分中介作用。综上，假设3.4获得了实证数据的支持。

表 3.5 中介效应分析结果

模型	因变量	路径	自变量	系数	标准差	临界比	显著性水平
模型 1	联盟结构紧密程度	<---	资源的战略价值	−0.516	0.105	−4.941	***
	不灵活风险	<---	资源的战略价值	0.275	0.086	3.212	0.001
模型 2	联盟结构紧密程度	<---	不灵活风险	−0.541	0.133	−4.070	***
	联盟结构紧密程度	<---	资源的战略价值	−0.369	0.104	−3.536	***
	能力损失风险	<---	资源的战略价值	0.510	0.121	4.200	***
模型 3	联盟结构紧密程度	<---	资源的战略价值	−0.423	0.108	−3.928	***
	联盟结构紧密程度	<---	能力损失风险	−0.180	0.070	−2.569	0.010

***表示 $P<0.001$

3. 关于调节效应的分析结果

表3.6报告了关于调节效应的分析结果，也是关于假设3.5和假设3.6的检验结果。调节效应的分析是基于AMOS软件中的分组功能而实现的。以第一个分析结果（P值为0.016）为例进行解释如下，该结果表明，在规模型联盟和互补型联盟中，资源的战略价值与联盟结构紧密程度选择偏好之间的路径系数存在显著不同（P值小于临界值0.1），进一步，由于在规模型联盟中这两个变量之间的回归系数为−0.74，而在互补型联盟中该回归系数为−0.23，因此，在规模性联盟中，资源

战略价值与紧密型联盟结构偏好之间的负相关程度更高。这个结果表明假设3.5得到的实证数据的支持。同理，我们可以发现，在规模性联盟中，不灵活风险的感知与紧密型联盟结构偏好之间的负相关程度更高（P值为0.045，同样小于临界值0.1），因此，假设3.6（a）获得实证数据的支持。对于假设3.6（b），却没有得到实证数据的印证，因为数据分析结果表明，能力损失风险与紧密型联盟结构选择偏好之间的负相关关系在规模型和互补型联盟中并没有显著性差别，因为P值为0.637，远大于临界值0.1。

表 3.6　调节效应的分析结果

路径	联盟类型	回归系数	显著性水平	组间比较的 P 值
联盟结构紧密程度<---资源的战略价值	规模型联盟	−0.74	***	0.016
	互补型联盟	−0.23	***	
联盟结构紧密程度<---不灵活风险	规模型联盟	−1.30	***	0.045
	互补型联盟	−0.50	***	
联盟结构紧密程度<---能力损失风险	规模型联盟	−0.27	0.005	0.637
	互补型联盟	−0.21	0.005	

***表示 $P<0.001$

3.2.8　研究结论

本节以横向伙伴结成的联盟关系为研究对象，在依据资源投入组合将横向联盟划分为规模型联盟和互补型联盟之后，我们从联盟资源价值及合作风险感知角度，探讨了伙伴对联盟治理结构紧密度的选择偏好生成机制及其变动机理，并且将这些机制在两种类型的横向联盟间进行了对比研究。本节所取得的研究发现可以概括为以下几个方面。

首先，我们对横向联盟中决定联盟结构选择偏好的各项直接影响关系进行了验证。结果表明，资源的战略价值、合作风险的感知均对伙伴的联盟结构选择偏好具有显著的直接决定作用。这些研究结果从资源依赖理论角度提供了横向联盟治理结构选择偏好的机理。统计分析结果表明，企业向联盟投入的资源战略价值与企业对合作风险的感知呈现显著的正相关关系；企业对合作风险的感知水平与其对联盟结构紧密程度之间呈现显著的负相关关系；企业向联盟投入的资源战略价值与企业对联盟结构紧密程度之间也呈现显著的负相关关系。这三个研究发现与既有的关于一般性联盟中的结构选择偏好决策机制基本上一致，即企业参与联盟的首要目的是获取和利用互补性资源，但在此过程中，企业十分关注的是保护自身重要资源不被其他伙伴（尤其是竞争性伙伴）侵占。

其次，我们进一步挖掘了这些变量之间的间接影响关系，以期提供更加完善的联盟结构选择机制。具体而言，我们进行了中介效应分析和调节效应分析。中介效应分析的相关结果表明，企业对联盟结构的选择偏好更多地是受影响于企业向联盟所投入的资源战略价值，而合作风险的感知所发挥的作用则表现为直接作用，以及中间传导作用，其所传导的正是企业对其所投入资源价值的评估所发挥的决定作用。调节效应的相关结论主要是在揭示联盟结构的决定机制在规模型联盟和互补型联盟之间是否存在明显差异。结果表明，随着资源战略价值的增加，松散型的联盟结构在规模型联盟中更受到伙伴的青睐；随着感知关系风险水平的增加（尤其是资源套牢风险），松散型联盟结构在规模型联盟中更受到伙伴的青睐。这些研究发现综合表明，在规模型联盟中，伙伴选择松散型联盟结构的机会更多，更为普遍。

综上，本书所取得的发现对横向联盟治理结构选择领域的研究做出了以下几方面补充。首先，此前的研究对横向联盟（竞合关系/竞争性联盟）开展研究时，很少对其进行分类，而是多采用笼统研究的模式，而本节则基于Dussauge等（2000，2004）的研究对横向联盟进行了分类，划分为规模型横向联盟与互补型横向联盟，并在此基础上细致地揭示每类横向联盟中联盟治理结构的选择机制，并在两类联盟间进行了比较分析，判断了决策机制的差异程度。其次，在探讨联盟结构的决定机制时，区别于以往将资源投入与合作风险分别进行研究的模式，本节考虑了这两个因素的独立作用及交叉影响，发现了合作风险的中介传递作用，也发现了资源投入类型与价值对联盟结构选择偏好的更显著的决定作用。

3.3 技术标准联盟中纵向与横向伙伴的混合关系治理及其效应

3.3.1 问题背景

在3.1节和3.2节中，我们分别研究了技术标准联盟中的纵向伙伴关系和横向伙伴关系，但众多案例的现实运行资料表明，标准联盟中往往同时混合有纵向和横向的伙伴的类型与合作关系。对于核心企业而言，如何同时处理好与纵向及横向伙伴的关系是其面临的一个重要治理问题。事实及文献表明，与不同类型的伙伴结盟，具有不同的目标与任务，因此合作形式与互动规则也会各有分别，那么当某些伙伴同时具有横向和纵向的伙伴特征时（如伙伴是所谓的"一体化企业"，即同时具有研发功能、生产功能和销售功能，那么当合作内容涉及不止一项功能时，就会出现本节所谓的混合关系治理问题），技术标准联盟的核心企业可以采取哪些治理策略呢？本节将对这一问题进行专门探讨，讨论的角度从治理的经典分类出发，即把治理方式划分为正式治理和非正式治理两部分，分别进行研究。

3.3.2 研究方法

本节所采用的研究方法是博弈模型分析及案例研究。其中，博弈模型分析被用来探讨混合伙伴关系的正式治理——伙伴结构的选择问题；而案例分析则用来解决混合伙伴关系的非正式治理问题，因为非正式治理的高度复杂性及相关变量的难以模型化等客观局限，现有关于联盟非正式治理的相关研究基本上都是基于实证研究、案例分析和理论分析三种方法开展的。

其中，案例研究方法是一种运用历史数据及档案材料、访谈、观察等方法收集数据，运用可靠技术对研究对象进行分析，从而得出带有普遍性结论的研究方法。它是一种分析性归纳方法，从个别到一般，通过对现实中某一问题的深入剖析，得出具有普遍意义的结论。

根据分类视角不同，案例研究方法可以被划分为几种类别。

（1）根据案例研究的功能，案例研究分为探索型案例研究、描述型案例研究和解释型案例研究三种类型。探索型案例研究是在未确定研究问题和研究假设之前，凭借研究者的直觉和线索到现场了解情况、收集资料形成案例，然后再根据案例来确定研究问题和理论假设。描述型案例研究通过对一个人物、团体组织、社区的生命历程、焦点事件及项目实施过程进行深度描述，以经验事实为支撑，形成主要的理论观点或者检验理论假设。解释型案例研究旨在通过特定的案例，对事物背后的因果关系进行分析和解释。

（2）按照案例研究中使用案例的个数，案例研究分为单案例研究和多案例研究。单案例研究适用于：①极端个案分析；②对现有理论的批驳或者检验；③代表性或典型个案分析；④对他人未曾研究过的个案进行分析以启发更深入的研究；⑤对同一个案进行不同时间段的纵向分析。多案例研究遵循复制法则，而不是统计调查中遵循的抽样法则，对于多案例研究，选择的案例要么能够逐项复制，使各案例产生相同的结果，要么可以进行差别复制，归纳出与前案例不同的结果；一般可以选择4～10个案例开展多案例研究，每个案例可以是整体性案例，也可以是嵌入性案例。无论单案例研究还是多案例研究，都可以分为探索型案例、描述型案例和解释型案例三种。

（3）针对项目（或者方案）的案例研究可以分为项目实施案例研究和项目效果案例研究。项目实施案例研究一般要进行多样本研究，要回答"发生了什么？项目进程的满意程度如何？实施中存在哪些问题？原因是什么？"项目效果案例研究要求测定项目是否有效，并挖掘项目效果的影响因素。美国审计署从事了很多这方面的研究。

一个完整的案例研究过程包括界定研究问题、设计研究方案、搜集证据、分析证据、提出结论及撰写报告五个步骤。第一步，界定研究问题。主要包括定义研究问题、提出理论假设（探索性案例研究可以不进行理论假设）。提出理论假设的目的是指导资料搜集和资料分析，减少研究工作量，避免走弯路。第二步，设计研究方案。主要包括定义研究对象、形成研究主题、明确案例性质、确定案例选择范围和数量。第三步，搜集证据。采用访谈、观察和第三方信息等方法搜集相关证据资料。第四步，分析证据。对搜集的资料进行深入分析，如果是多案例研究，还应进行案例内分析和交叉案例分析，前者是把每一个案例看成独立的整体进行全面的分析，后者是在前者的基础上对所有的案例进行统一的抽象和归纳，进而得出更精辟的描述和更有力的解释。第五步，提出结论，撰写报告。上述步骤中分析证据与搜集证据可以同时进行，形成互动，搜集证据是分析证据的基础，分析证据又为下一步的证据搜集提供指导和方向。在搜集证据和分析证据不断循环的过程中，研究的问题也许会得到重新的提炼，并带来更多的数据和新的发现。

本节将采用的案例分析方法近似于解释型案例分析流程，即主要目的是用于对事先提出的某些理论或者假设进行一定程度的验证或者印证。

3.3.3　基于伙伴结构的技术标准联盟正式治理

不容否认，技术标准战略已经成为现今企业获取竞争优势的核心战略之一（Leiponen，2008），而且在技术标准形成机制中，基于技术标准联盟（或者是技术标准驱动下的专利联盟）的标准建构模式所发挥的作用正在日渐提高（Kim and Song，2007）。技术标准的确立包含两个关键环节，即技术方案的形成及技术标准的市场扩散。尽管技术方案的先进性和优越性是新技术成为技术标准的重要决定因素，然而，不可否认的是，新技术的扩散及成功占据市场优势地位才是检验技术是否成为行业标准的最终要素，在需要借助市场效果对标准进行认定的"事实标准"形成机制下，尤其如此。不少实践案例表明，最优技术并不一定会最终被市场认定为"事实标准"。例如，David（1985）通过对QWERTY键盘的经典案例研究，证实网络效应可以导致消费者因为高昂的转换成本而被锁定在非最优技术上，从而证明了市场扩散环节对于技术标准确立的最终决定作用。

那么，哪些机制有助于提高新创技术的扩散效果？现有研究聚焦于以技术标准自身属性为基础而形成的市场拉动机制方面，也就是说，借助技术标准的安装基础、转移成本和网络外部性等特征，从消费者锁定效应等角度对技术标准的市场扩散机制进行研究。但是本节认为，仅仅关注来源于市场拉力的外部扩散机制是不完整的，尤其是当技术标准是在借助于联盟组织进行构建的情况下，此时联盟体对于技术标准的扩散也应该可以产生来自联盟内部的内源性推动效应。换言之，既然技术标准联盟的功能包含技术形成和技术扩散两项任务，那么针对第二项任务联盟体应该积极构建有助于提高技术标准扩散速度的伙伴关系和治理结构，从而形成基于联盟内部力量的技术标准产业化推动力。根据联盟章程或者是官方网站所披露的信息，我们发现，中国的许多技术标准联盟（如AVS联盟、闪联、RFID联盟等）普遍采用了一种相似的产业化联盟形式，即"会员制"。如果终端产品生产企业有意采纳新的技术标准进行产品生产，那么他们需要申请加入技术标准联盟，通过缴纳一定会员费成为联盟会员。这些会员企业除了可以获得技术标准的使用权之外，还可以在联盟内获取与标准相关的技术知识和信息，从而影响它们的生产策略。

　　通过对上述伙伴结构进行抽象，我们提出了一种"以公共供应商为结构洞、由上下游企业共同组成的三元伙伴结构"。本节将专门对这种具有代表性的技术标准联盟成员结构进行分析，探讨这种治理形式对技术标准产业化与市场扩散的促进作用和影响机理。本节不仅可以提出基于联盟组织制度的技术标准扩散机制，从而区别于现有研究不设置组织情境的研究模式，而且可以提出基于伙伴关系建构而产生的技术标准扩散机制，从而区别于现有研究主要以技术标准本身固有属性为基础而提出的扩散原理。

　　1. 相关研究

　　关于技术标准的扩散机制，现有研究集中于用户安装基础、网络外部性效应、用户锁定效应、转移成本效应等基于技术标准自身属性而形成的扩散机理。例如，Hill（1997）及Funk和Methe（2001）都在研究中强调了用户安装基础数量是决定技术标准能否确立的主要决定因素。Schilling（2002）针对赢者通吃型行业，研究了组织学习、时机选择及网络外部性因素对技术标准开发战略的作用方式，同时也关注了用户安装基础对技术开发成败的影响。Dew和Read（2007）则将网络外部性进一步区分为直接网络外部性和间接网络外部性，并基于RFID产业的数据对这两种网络外部性的协调机制进行了讨论。David（1985）针对QWERTY键盘技术标准的案例研究表明，消费者因为高昂的转换成本而被锁定，即便相继出现了更优的替代技术，锁定效应下的消费者仍将继续采用已经在使用并且具有网络外部性特征的次优技术。需要指出的是，基于技术标准自身属性而产生的扩散机制是独立于组织情景而固有的。然而，本书认为，除了这些自有属性所产生的扩散效应之外，技术标准所诞生的组织情景对技术标准的扩散也是具有影响的。

　　当技术标准是基于联盟制度而进行确立的时候，联盟内部也可能形成推动技术标准扩散的驱动力。正如学者们对技术标准联盟的学术界定所言：技术标准联盟是以持有关键技术的R&D企业为核心，联合其他技术企业和生产企业，对技术标准进行技术研发及市场扩散的合作组织（Hemphill，2005）。从中可以看出，技术标准联盟对技术标准的确立发挥着两个重要作用，除了形成技术方案之外，还担负着新技术标准的市场推广与扩散职责。关于后者，现有研究主要是从技术标准及其专利包的许可和引用制度（张米尔等，2013；冯永琴等，2013）（包括许可价格、许可方式等）方面开展的，即联盟体将技术标准的专利包通过对联盟内部及外部生产企业进行技术许可使用，实现技术标准的产业化。所关注的主要问题集中于技术标准的许可价格的制定及许可方式的选择。例如，Layne-Farrar和Lerner（2011）指出许可收入是专利联盟成员获取收益的主要途径。Kamien和Tauman（1986）将专利许可制度划分为固定费率和单位浮动许可费两种类型。随后，Shapiro和Lemley（2007）及Lerner等（2007）等大量学者都针对这两种许可制度的优势与弊端进行了单独分析及比较研究，并提出了每种收费制度的适用情境。Poddar和Sinha（2004）从特许授权和固定授权角度分析了专利授权的优化合同。不容否认，当许可制度有助于扩大产品产量（也就是对技术标准的需求）的时候，就会对技术标准的市场扩散形成贡献，但是，许可制度并不是唯一的联盟对技术标准扩散的影响通路。

本书认为，技术标准联盟区别于传统单一的功能联盟形式（如R&D联盟，营销联盟等）的重要特征之一在于，该类联盟中往往同时包含多种类型的成员，如研发成员和生产成员，而生产成员中还可以进一步细分为半成品生产企业和终端产品生产企业等，因此伙伴之间的关系呈现明显的多样化特征，建构这种特殊伙伴结构的目的必然是服务于技术标准的形成和扩散，那么，伙伴结构到底是如何对技术标准的扩散产生影响的？是否存在某种伙伴结构会对技术标准的扩散形成直接的和明显的推动作用？本节就是要针对这一问题进行探讨，尝试提出一种以公共供应商为结构洞、由上下游企业组成的三元伙伴关系结构，并分析这种特定的联盟内部成员结构对技术标准市场扩散的影响。与本节模型建构最为相关的文献如下。

首先，Li（2002）及Zhang（2002）考虑了供应链上的三元伙伴关系，即一个公共供应商和两个下游竞争性生产企业，以及这种结构下下游生产企业向上游公共供应商进行知识共享的现象，它们研究的问题是供应商可能采取的自利性信息挖掘行为，即供应商自己应用所获取的知识来提高自身绩效。该研究虽然提到了以公共供应商为结构洞的三元伙伴结构，但所关注的机会主义行为是供应商获取下游知识溢出之后自己进行应用，而不是在伙伴间传递，所以与本节所要研究的以结构洞为中介的知识流转情况是不同的（本节专门设置了三方伙伴间的知识中转率/知识溢出水平 θ 变量来刻画知识流转情况）。其次，Baccara（2007）分析了生产企业技术外包过程中可能发生的非自愿性知识泄漏，即承包企业有机会获取到生产企业的技术知识并向生产企业的竞争对手进行出售以获取额外利益。虽然这篇文献中提到了知识中转（倒卖），但其中转形式是一次性出售，并不是本节所关注的知识在三方伙伴之间实现循环流动（即知识被持续中转）。此外，近几年Choi和Kim（2008）及Wu等（2010）也在关注由上游供应商与下游生产企业所构成的供应链网络现象，并尝试利用理论建模方法对三元伙伴关系进行模型分析，但是他们研究的伙伴关系为"供应商-购买者-供应商"型网络中供应商的行为模式，与本节所关注的"购买者-供应商-购买者"型三元伙伴结构及供应商行为策略是不同的。

综上，基于Li（2002）、Zhang（2002）及Baccara（2007）这三篇直接相关文献中各自提出的模型，本节对它们进行了改进，从而构建了下文将要介绍的用于刻画技术标准联盟中以供应商为结构洞的三元伙伴关系及其双向知识流动模型。在该模型中，我们关注的是，当下游生产企业各自向公共供应商进行知识溢出时，公共供应商会将其所获取的知识在两个竞争性生产企业之间进行传递，也就是将一个生产企业向其溢出的知识传递给另外一个生产企业，从而形成一个以其为中心［即结构洞（Wassmer，2010；Burt，2009）］的双向知识流动系统，这种双向知识流动在联盟整体层面所产生的效应是现有研究尚未关注的。本书将揭示上述特定伙伴结构及双向知识流动机制对技术标准联盟中的技术产业化环节将产生怎样的影响，是否对新技术的市场扩散具有显著的加速作用。

2. 模型构建与求解

假设某技术标准联盟包含n个成员，其中存在三个企业，即D1、D2和S。D1和D2是两个下游生产企业，它们都采用该技术标准并在生产具有一定替代性的同质或同类产品，因此在市场上具有竞争关系。企业S是该技术标准联盟中的一个供应商，它同时向D1和D2供应基础性生产要素，如基于技术标准而制成的半成品，而这种半成品是D1和D2生产终端产品过程中所必需的投入要素，也就是说，企业S的产出就是企业D1和D2的中间性投入（intermediate input），因此，S是企业D1和D2的公共供应商。我们假设，供应商S与下游企业D1和D2之间除了生产要素的供应与购买关系之外，还存在相互的知识溢出，D1和D2向供应商S进行知识溢出，目的在于帮助供应商降低其生产成本从而降低自身的生产要素采购价格。对于从D1和D2获取的知识，供应商一方面选择自己利用以降低生产成本，另一方面会把所获得的知识在D1和D2间进行泄露，也就是把从D1（或D2）获得的知识泄露给其竞争对手D2（或D1）。虽然并不是直接对"知识"进行定价和销售，但是供应商S却可以借助这种行为而间接获利。在D1、D2和供应商S的关系中，下游企业D1和D2之间不存在直接的知识交换（因为它们在市场上具有竞争关系），但是却在通过公共供应商S而间接获取彼此的知识，因此供应商S占据了企业D1和D2的结构洞位置。上述这种企业D1向供应商S溢出知识并被传递给企业D2，同时企业D2也向供应商S溢出知识并被传递给企业D1的现象，我们称之为双向知识流动。这种以公共供应商为结构洞、由上下游企业共同组建的三元伙伴关系可以表示为图3.1（图3.1中，实线表示实物资源流动，虚线表示知识的流动，θ和λ代表知识流动比率）。

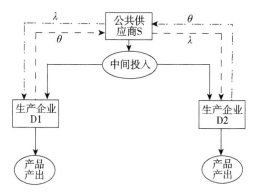

图 3.1　以供应商为结构洞的三元伙伴结构及其知识双向流动过程

下面就以公共供应商为结构洞的三元伙伴结构中企业的行为模式，以及这些行为对技术标准扩散的具体影响进行模型建构与分析。

1）以公共供应商为结构洞的伙伴结构的刻画

假设公共供应商S的边际生产成本为

$$c - Y = c - k(\theta_1 x_1 + \theta_2 x_2)$$

其中，c 为外生性边际生产成本；Y 为企业S从生产企业D1和D2获取的知识总量，可用于降低供应商的生产成本；$x_i\,(i=1,2)$ 为两个下游生产企业D1和D2各自拥有的专有知识资本量；$\theta_i\,(i=1,2)$ 为企业D1和D2向供应商S的知识溢出率，则S从企业 $i\,(i=1,2)$ 获得的知识溢出为 $\theta_1 x_1 + \theta_2 x_2$；$k\,(k \in [0,1])$ 为上游企业与下游企业之间的技术相似度，它决定着企业S对知识溢出的吸收程度。根据Jaffe（1986）的实证研究，技术相似度可以借助企业之间的专利相似度进行测量，企业之间的技术相似程度越高，知识就越容易进行溢出和吸收利用。

假设下游生产企业的边际生产成本为 $a + w - X_i$。其中，a 为外生性成本；w 为供应商为中间产品制定的销售价格；x_i 为企业 $i\,(i=1,2)$ 所拥有的知识资本，可以用于降低生产商的生产成本。知识资本来源于企业自身的知识及从竞争对手获得的知识溢出，而这些知识溢出是通过公共供应商S的传递而得以实现的，将供应商S向企业i传递的企业j的知识的比率记为 λ_i，则有 $X_i = x_i + \lambda_i \times \theta_j \times x_j$，其中 $i=1,2$；$i \neq j$。可以看出，当 $\theta_j = \lambda_i = 1$ 的时候，下游生产企业；i 将会通过供应商S而完全获取其竞争对手企业j的专有知识。在此，我们假设企业D1和企业D2拥有等量的专有性知识，即 $x = x_i = x_j$。

基于以上基本参数，下游生产企业的利润函数可以写为

$$\pi_i = [P(Q) - (a + w - X_i)]q_i, \quad i = 1,2 \tag{3.51}$$

其中，$P(Q) = A - Q$ 为市场逆需求函数（即需求函数 $Q = A - bP$ 简化取 $b=1$ 后的变形）；A 为大于0的常数，本书假设 $A > a + w$；Q 为下游企业D1和D2的总产量，

即 $Q = q_1 + q_2$。假定两个下游企业向供应商S支付的中间品价格相同，都为w。假定一单位最终产品需要一单位中间投入，则上游供应商S的利润函数为

$$\pi_s = [w - (c - Y)]Q \qquad (3.52)$$

式（3.51）和式（3.52）就是技术标准联盟中存在结构洞情况下上下游成员企业的利润函数。那么，对于联盟中不存在结构洞的情形，也就是不存在一个公共的供应商作为下游生产企业的知识中转平台，下游生产企业D1和D2之间不存在任何知识的直接或间接交换关系而只是单纯的市场竞争关系，我们可以借助将模型参数设置为 $\theta_i = 0$ 且 $\lambda_i = 0$ 来对联盟中这种不存在结构洞的情况进行刻画。

本节将公共供应商与下游生产企业之间的博弈划分为四个阶段：第一阶段，下游生产企业决定对上游公共供应商的知识溢出率；第二阶段，供应商决定是否将其从企业 i 获得的知识溢出再传递给企业 j；第三阶段，供应商决定其产品的销售价格 w；第四阶段，两个生产企业各自决定最终产品的产量，并在市场上开展古诺博弈。

2）短期条件下结构洞型伙伴结构下的企业行为与均衡结果

首先分析短期博弈条件下的联盟成员行为及其结果。根据倒推法，可以得到第四阶段企业D1和D2的最终产品产量为

$$q_i^* = \frac{A - a - w + 2X_i - X_j}{3} \qquad (3.53)$$

在第三阶段，在给定下游生产企业的最优产量的情况下，上游供应商S依据利润最大化原则决定其中间品的供应价格。由于最终产品的总产量为

$$Q^* = q_1^* + q_2^* = \frac{2(A - a - w) + X_1 + X_2}{3} \qquad (3.54)$$

进而可得

$$w^* = \frac{2(A - a + c - Y) + X_1 + X_2}{4} \qquad (3.55)$$

将式（3.55）代入式（3.53）可得

$$q_i^* = \frac{2(A - a - c + Y) + x(2 + 7\theta_j\lambda_i - 5\theta_i\lambda_j)}{12} \qquad (3.56)$$

将式（3.55）代入式（3.54）可得

$$Q^* = \frac{2(A - a - c + Y) + X_1 + X_2}{6} \qquad (3.57)$$

对最终产量式（3.57）求关于 λ_i 的偏导数，可得

$$\frac{\partial Q^*}{\partial \lambda_i} = \frac{1}{6}\theta_j x_j \geq 0 \qquad (3.58)$$

这意味着，公共供应商作为结构洞在下游企业间进行知识中转的行为，除了

可以对自身及生产企业的成本和利润产生积极影响之外，同时也有助于增加技术标准终端产品的产量。也就是说，技术标准联盟中出现结构洞并执行知识中转行为后可以加速技术标准的市场扩散。

然而，遗憾的是，短期内上述双向知识流动是无法维持稳定的最大化状态的，原因如下。首先，将式（3.55）和式（3.57）代入式（3.52），并对其求关于 λ_i 的偏导数，可得

$$\frac{\partial \pi_s}{\partial \lambda_i} = \frac{1}{12}\theta_j x\Big[2(A-a-c+Y)+X_i+X_j\Big] \geqslant 0 \qquad （3.59）$$

可以看出式（3.59）恒大于0。该结果表明，为了提高自身利润水平，公共供应商总是有动机将企业 i 向其溢出的知识全部传递给企业 j，即 $\lambda_i = \lambda_j = 1$。然而，与此同时，若将式（3.55）和式（3.56）代入式（3.51）可以得到生产企业 i 的均衡利润函数为

$$\pi_i^* = \Big[A-\big(q_i^*+q_j^*\big)-\big(a+w^*-X_i\big)\Big]q_i^* \qquad （3.60）$$

对式（3.60）求关于 θ_i 的偏导数可得到

$$\frac{\partial \pi_i}{\partial \theta_i} = x\big(2k-5\lambda_j\big)\frac{2(A-a-c+Y)+x\big(2+7\theta_j\lambda_i-5\theta_i\lambda_j\big)}{72} \qquad （3.61）$$

可以看出式（3.61）中的后半部分是恒大于0的，其正负只取决于于 $2k-5\lambda_j$ 的符号，也就是说，只有当 $\lambda_j \leqslant \frac{2}{5}k$ 时，才有 $\frac{\partial \pi_i}{\partial \theta_i} \geqslant 0$，此时，下游生产企业愿意向上游供应商进行最大限度的知识溢出，通过帮助供应商降低生产成本从而降低中间品价格，以及借助供应商获取竞争性伙伴的独有知识，最终提高其自身利润水平。该结果意味着，下游生产企业 i 愿意向上游公共供应商S进行完全知识溢出是存在临界条件的，即企业S向企业 i 的竞争对手企业 j 所中转的知识比率不能超出上限值 $\frac{2}{5}k$。

综合式（3.59）和式（3.61）两个结果可以发现，公共供应商将知识进行完全中转的行为会损害生产企业的利润，作为还击，下游生产企业将在下一个阶段不再溢出给供应商任何知识，即下游生产企业将选择 $\theta_i = 0$ 策略。一旦下游企业选择了这种触发策略，上下游企业之间的知识传递就会停止，进而伙伴关系对技术标准扩散效果的促进作用也会消失。由此可以得出以下性质3.9。

性质3.9 在以公共供应商为结构洞并包含两个下游生产企业的三元伙伴结构中，基于供应商结构洞位置而发生的双向知识流动行为有助于提高技术标准的扩散速度。然而，由于供应商的行为 $\lambda_i = \lambda_j = 1$ 与生产商的意愿 $\lambda_i = \lambda_j \leqslant \frac{2}{5}k$ 存在

矛盾，因此，短期条件下，这种伙伴结构及其对技术标准扩散的促进作用是无法维持的。

那么，是否存在一组知识传递比率能够维持这种特定伙伴结构与相互关系，使三方成员实现共赢并同时保持对技术标准扩散的稳定推动呢？由于在短期博弈（一次博弈）模式下，必然出现 $\lambda_i = 1$ 和 $\theta_i = 0$ 的结果，因此，共赢局面只可能在长期博弈模式（即长期合作关系）下尝试寻找，而且公共供应商能够选择的知识中转比率的最高值为生产伙伴所能够接受的最高值，即 $\lambda_i = \lambda_j = \dfrac{2}{5}k$。根据以上两个要求，我们尝试在长期合作情境下探讨是否存在包含 $\lambda_i = \lambda_j = \dfrac{2}{5}k$ 这一条件的博弈均衡（注：长期博弈的均衡结果可能具有不唯一性，本节仅讨论与上述短期博弈相关的长期均衡结果）。

3）长期合作情境下的博弈均衡结果

长期合作的基础是伙伴对合作关系进行承诺，本节中的承诺专指"知识溢出"行为。由于本节所建构的"三元伙伴结构"中包含上游公共供应商和下游生产企业这两种伙伴类型，因此伙伴承诺的类型也相应地可以分为两种类型：一是公共供应商的承诺；二是下游生产企业的承诺。前者是指，联盟中上游企业对下游企业进行承诺，只要公共供应商不破坏承诺，联盟关系及知识流动就会持续；后者则是指，联盟中两个下游生产企业进行承诺，一旦其中某一方违背承诺，则知识传递关系终止，公共供应商也将失去由于知识溢出效应产生的全部正效应。

（1）伙伴的承诺以及均衡结果。

性质3.9已经指出，维持合作关系的基本条件是公共供应商采取的知识中转比率应满足条件 $\lambda_i \leqslant \dfrac{2}{5}k$。根据式（3.58）$\dfrac{\partial Q^*}{\partial \lambda_i} = \dfrac{1}{6}\theta_j x_j \geqslant 0$ 可知，技术标准终端产品的产量规模会随着供应商知识中转率的提高而获得增加，因此，当公共供应商执行的知识中转率达到所允许的最大值的时候，就可以实现技术标准扩散效果的最大化。由此可以得出，供应商的知识中转率保持为 $\lambda_i = \dfrac{2}{5}k$ 水平时，联盟体对技术标准扩散的促进作用可达到最大化。换言之，长期博弈模式下，公共供应商对知识中转比率的最优承诺为 $\lambda_i = \dfrac{2}{5}k$。

当供应商承诺知识中转比率保持为 $\lambda_i = \dfrac{2}{5}k$ 水平时，下游生产商可以选择的向供应商的知识溢出水平为 $0 \leqslant \theta_i \leqslant 1$。由于当 $\lambda_i \leqslant \dfrac{2}{5}k$ 时，生产商的利润与其知识溢出水平成正比，即 $\dfrac{\partial \pi_i}{\partial \theta_i} \geqslant 0$ ［参见式（3.61）］，因此生产商有动机将其知识溢出水平定为最大值，即 $\theta_i = 1$。而这种行为恰恰有助于技术标准产业化规模的扩大，因为对式（3.57）求关于 θ_i 的偏导数很容易得到 $\dfrac{\partial Q^*}{\partial \theta_i} = \dfrac{1}{6} x_i (2k + \lambda_j) \geqslant 0$。因此，在公共供应商承诺 $\lambda_i = \dfrac{2}{5} k$ 的时候，生产商也将做出承诺 $\theta_i = 1$。在这一对承诺下，联盟内技术标准的产业化规模，即产品总产量为

$$Q^*\Big|_{\theta_i = 1, \lambda_i = \frac{2}{5}k} = \frac{1}{3}\left[A - a - c + \left(1 + \frac{12}{5}k \right) x \right]$$

与不结成三元伙伴结构时的总产量进行比较，很容易得出

$$Q^*\Big|_{\theta_i = 1, \lambda_i = \frac{2}{5}k} - Q^*\Big|_{\substack{\theta_i = 0 \\ \lambda_i = 0}} = \frac{4}{5} kx \geqslant 0 \qquad (3.62)$$

这表明，长期承诺机制下，结成三元伙伴结构时的产品总产量明显高于不结盟情况。从而可以得出以下性质3.10。

性质3.10　长期博弈模式下，在技术标准联盟中构建"以公共供应商为结构洞、由上下游企业共同组成的三元伙伴结构"可以实现联盟的长期运行。实现条件为三方伙伴同时遵守关于知识双向流动比率的临界值，即 $\theta_i = 1\,(i = 1, 2)$ 和 $\lambda_i = \dfrac{2}{5} k\,(i = 1, 2)$，此时均衡产量 $Q^*\Big|_{\theta_i = 1, \lambda_i = \frac{2}{5}k}$ 明显优于不结成三元伙伴结构时的总产量。

（2）均衡的稳定性分析。

第一，从公共供应商角度。长期博弈中，公共供应商可以选择遵守承诺 $\lambda_i = \dfrac{2}{5} k\,(i = 1, 2)$，但也可能出于个体利益最大化的动机而违背承诺。那么，供应商在遵守或者违背承诺方面是如何做出决策的？换言之，是否存在某种约束条件能够保证供应商遵守承诺从而使得联盟体能够促进技术标准的扩散？下面我们基于期权博弈理论，对公共供应商的决策模式进行分析。

令 $\pi_s^{2/5}$ 表示供应商S遵守承诺所获的均衡利润，也就是两个下游生产企业D1和D2都向供应商S进行完全知识溢出 $\theta_i = 1\,(i = 1, 2)$，而且供应商S也坚守知识中转比例的最高临界值 $\lambda_i = \lambda_j = \dfrac{2}{5} k$。令 π_s^1 表示供应商S不遵守承诺而采取欺骗策略时的利润水平，即下游生产企业 i 都向供应商S进行完全知识溢出，但供应商S却实施机会主义行为，将其所获取的知识全部传递给知识共享企业的竞争对手，即 $\lambda_i = \lambda_j = 1$。令 π_s^{00} 表示下游生产企业 i 都停止向供应商S进行任何知识溢出情况下

$\theta_1 = \theta_2 = 0$，供应商S的利润水平。

将式（3.57）和式（3.55）代入式（3.52）进行计算，并代入相应的知识溢出水平，可以得出 $\pi_s^{2/5}$、π_s^1 和 π_s^{00} 的结果。

$$\pi_s^{2/5} = \frac{1}{6}\left[A - a - c + \left(1 + \frac{12}{5}k\right)x\right]^2 \tag{3.63}$$

$$\pi_s^1 = \frac{1}{6}\left[A - a - c + \left(2 + 2k\right)x\right]^2 \tag{3.64}$$

$$\pi_s^{00} = \frac{1}{6}\left(A - a - c + x\right)^2 \tag{3.65}$$

通过比较式（3.63）和式（3.64）很容易看出，供应商具有采取机会主义行为的动机（因为 $\pi_s^1 > \pi_s^{2/5}$），通过将其从企业 i 获取的知识溢出全部传递给企业 j 以最大化其自身利润水平。但是，与此同时，供应商的这一机会主义行为可能会受到下游生产企业的严厉惩罚，即生产企业一旦发现供应商违背承诺便会立即停止向供应商进行任何知识溢出，从而受到更大的损失（$\pi_s^{00} < \pi_s^{2/5}$）。因此，根据期权博弈的基本原理，综合式（3.63）、式（3.64）和式（3.65）可以得出，供应商S遵守承诺、不采取欺骗行为，使各成员之间维持最大化的知识溢出，并最终保证各成员共赢及加速技术标准扩散的条件为

$$\frac{1}{1-\delta}\pi_s^{2/5} \geq \pi_s^1 + \frac{\delta}{1-\delta}\pi_s^{00} \tag{3.66}$$

其中，$\delta = \frac{1-p}{1+r}$ 为贴现率；p 为博弈即刻结束的概率；r 为利率水平。对式（3.66）进行变形可以得到维持均衡的贴现率的临界值为

$$\delta_s^* = \frac{(5-2k)\left[10(A-a-c)+(15+22k)x\right]}{25(1+2k)\left[2(A-a-c)+(3+2k)x\right]} \tag{3.67}$$

因此可以得出以下性质3.11。

性质3.11 在"以公共供应商为结构洞、包含两个竞争性下游生产企业的三元伙伴结构"中，公共供应商遵守承诺 $\lambda_i = \lambda_j = \frac{2}{5}k$ 的实现条件为贴现率 $\delta \leq \delta_s^*$。一旦贴现率高于临界值，供应商将有可能违背承诺。

第二，从下游生产商角度。相似的，两个下游生产商也有可能违背承诺 $\theta_i = 1$。它们违背承诺的方式以及相应的结果如下：在第 t 阶段，如果两个生产企业D1和D2在 $t-1$ 个阶段中都坚持了完全溢出策略，即 $\theta_i = 1$，那么企业 i 将继续在第 t 阶段向供应商S进行 $\theta_i = 1$ 的知识溢出；然而，一旦有任何一个生产企业没有遵守完全溢出的承诺，那么另一个生产企业将立即采取"触发策略"，即停止与供应商S

之间的一切知识溢出，即 $\theta_i = 0$。在此，假设两个生产企业向供应商的知识溢出具有对称性，即 $\theta_1 = \theta_2 = \theta$。我们令 π_i^{11} 表示当两个生产企业全部采取完全溢出策略时第 i 个生产企业的利润；令 π_i^{01} 表示有一个生产企业采取机会主义行为，即企业 i 向供应商S进行完全溢出，但企业 j 却停止了向供应商S的完全知识溢出行为；令 π_i^{00} 表示下游生产企业 i 都停止向供应商S进行任何知识溢出情况下 $\theta_1 = \theta_2 = 0$，生产企业 i 的利润水平。将式（3.55）和式（3.56）代入式（3.51）进行计算，并代入相应的知识溢出水平，可以得出 π_i^{11}、π_i^{01} 和 π_i^{00} 的结果。

$$\pi_i^{11} = \left[\frac{1}{6}(A - a - c) + \left(\frac{1}{3} + \frac{1}{3}k \right)x \right]^2 \tag{3.68}$$

$$\pi_i^{01} = \left[\frac{1}{6}(A - a - c) + \left(\frac{3}{4} + \frac{1}{6}k \right)x \right]^2 \tag{3.69}$$

$$\pi_i^{00} = \left[\frac{1}{6}(A - a - c + x) \right]^2 \tag{3.70}$$

通过比较式（3.68）和式（3.69）很容易看出，在 $x > 0$ 的情况下，π_i^{01} 始终明显大于 π_i^{11}，这表明生产企业具有采取机会主义行为的动机，即保留自身的知识，减少这些知识经由公共供应商向竞争对手进行传播，但却希望更多地获取竞争对手对知识溢出。然而，当两个生产企业都采取知识保留策略时，它们的利润也会降到最低，因此需要对知识溢出水平进行权衡。下面，我们依然借助期权博弈的基本原理，对理论上的最优策略的实现条件进行分析。综合式（3.68）、式（3.69）和式（3.70）可以得出，生产企业 i（$i = 1, 2$）遵守承诺、不采取欺骗行为、保持向供应商实施完全知识溢出行为的条件为

$$\frac{1}{1 - \delta}\pi_i^{11} \geqslant \pi_i^{01} + \frac{\delta}{1 - \delta}\pi_i^{00} \tag{3.71}$$

对式（3.71）进行变形可以得到维持"临界性均衡"的贴现率的临界值为

$$\delta_m^* = \frac{(5 - 2k)[4(A - a - c) + (13 + 6k)x]}{(7 + 2k)[4(A - a - c) + (11 + 2k)x]} \tag{3.72}$$

因此可以得出以下性质3.12。

性质3.12 在"以公共供应商为结构洞、包含两个竞争性下游生产企业的三元伙伴结构"中，下游生产商遵守承诺 $\theta_i = 1$ 的实现条件为贴现率 $\delta \leqslant \delta_m^*$。一旦贴现率高于临界值，生产商将有可能违背承诺。

第三，综合分析。以上分析分别从供应商和生产商角度得出了长期合作均衡的实现条件，由于两种类型伙伴中任何一方首先违背承诺都会导致合作关系的破裂，因此还有必要进一步探究实现条件的敏感性，即哪一方更容易首先违

反承诺。对此，我们将尝试比较供应商和生产商的贴现率临界值，观察哪方的合作条件更为严苛、更容易被破坏，从而明确哪一方对联盟均衡稳定性发挥着更大的决定作用。

为了对均衡的稳定性进行模拟，我们首先将 $\delta_i^*(i = \mathrm{S,D})$ 表达式中的共同参数 $A-a-c$ 简记为参数 γ，即 $\gamma = A-a-c$，并且设定知识价值（即变量 x）的量级为 10^4。此外，对于模拟中相关参数的取值范围，我们归纳如下：$A > 0$，$c > 0$，$a > 0$，A 远大于 a 和 c，$x \geq 0$，$k \in [0,1]$。在模拟过程中，借助Matlab软件，我们分别模拟 $\gamma = 10\,000$ 以及 $\gamma = 15\,000$ 两种情况下贴现率的临界值 $\delta_i^*(i = \mathrm{S,D})$ 随 k 和 x 的变动情况，用以比较判断 δ_S^* 和 δ_D^* 的大小关系，并最终归纳得出供应商S与生产商D哪方的违约条件更容易实现，从而率先破坏合作局面。相关模拟结果如图3.2和图3.3所示。

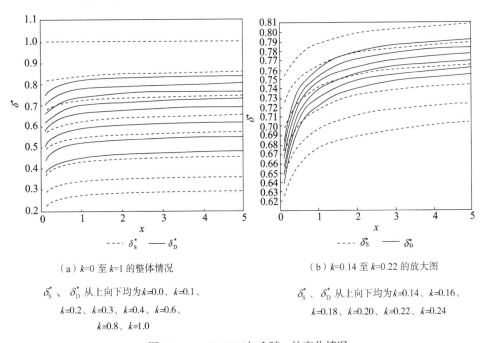

（a）$k=0$ 至 $k=1$ 的整体情况

δ_S^*、δ_D^* 从上向下均为k=0.0、k=0.1、
k=0.2、k=0.3、k=0.4、k=0.6、
k=0.8、k=1.0

（b）$k=0.14$ 至 $k=0.22$ 的放大图

δ_S^*、δ_D^* 从上向下均为k=0.14、k=0.16、
k=0.18、k=0.20、k=0.22、k=0.24

图 3.2　$\gamma=10\,000$ 时 δ^* 随 x 的变化情况

图3.2和图3.3的模拟结果具有非常明显的一致性，共同结论可以归纳如下。

其一，$\delta_i^*(i = \mathrm{S}，\mathrm{D})$ 与 x 呈正相关关系，即任意 k 值下，δ_S^* 和 δ_D^* 都随着 x 的增大而增大。该结果表明，上下游伙伴之间所共享的知识价值越高，维持合作关系的贴现率临界值也越高，从而伙伴维持联盟关系就越为容易（即使现实贴现率较高也不会触发伙伴的违约动机），进而三元伙伴结构的稳定性就越强。

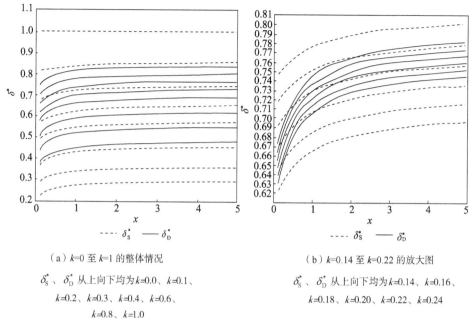

（a）k=0 至 k=1 的整体情况

δ_S^*、δ_D^* 从上向下均为k=0.0、k=0.1、
k=0.2、k=0.3、k=0.4、k=0.6、
k=0.8、k=1.0

（b）k=0.14 至 k=0.22 的放大图

δ_S^*、δ_D^* 从上向下均为k=0.14、k=0.16、
k=0.18、k=0.20、k=0.22、k=0.24

图 3.3 γ=15 000 时 δ^* 随 x 的变化情况

其二，δ_i^* ($i=S,\ D$) 与 k 呈负相关关系，即任意 x 值下，δ_S^* 和 δ_D^* 都随着 k 的增大而减小。该结果表明，上下游伙伴之间的技术相似度越高，维持联盟的贴现率临界值就越低，即伙伴维持联盟关系就越为困难（现实贴现率稍高一些就会使一方具备违约动机），从而三元伙伴结构的稳定性就越弱。

其三，结合局部放大图3.2（b）和图3.3（b）可以发现：当 $k>0.22$ 时，在相同的 k 和 x 取值下，δ_D^* 的值始终大于 δ_S^*；当 $0.16\leqslant k\leqslant 0.22$ 时，δ_D^* 与 δ_S^* 存在交叉，大小关系取决于知识共享值；当 $0<k<0.16$ 时则 δ_S^* 始终大于 δ_D^*。该结果表明：首先，当上下游伙伴之间的技术相似度偏高时（$k>0.22$），供应商S保持合作关系所要求的贴现率低于生产商D，从而具有相对严格的合作条件，因此，相对于下游生产商而言，上游公共供应商更容易率先违反有关知识中转比率的承诺从而打破合作关系。其次，当上下游伙伴之间的技术相似度偏低时（$k<0.16$），下游生产商D保持合作关系所要求的贴现率低于供应商S，从而生产商更容易率先违约。最后，当技术相似度处于居中水平时（$0.16<k<0.22$），哪方率先违约需取决于知识共享值的高低，总体上看，知识共享值越高，供应商S率先违约的可能性越高。

以上三个模拟结果揭示了本节所构建三元伙伴结构的稳定性及其变动机制。我们将其综合概括为性质3.13。

性质3.13 对于以公共供应商为结构洞、由上下游企业共同组建的三元伙伴结构，合作均衡的维持与伙伴间共享知识价值的大小呈正相关关系，但与上下游伙伴之间的技术相似度呈负相关关系；而且上下游伙伴之间的技术相似度越高，则供应商对合作均衡稳定性的决定作用就越大于生产商。

　　3. 研究总结与管理意义

　　本节为技术标准联盟设计了一种基于知识流动的、由一个公共供应商和两个下游生产企业建构的三元伙伴结构，分析了这种伙伴结构对于促进技术标准市场扩散效应的有效性、实现条件及共赢结果的稳定性。

　　本节的三个主要发现如下。首先，相对于自然状态的生产企业之间保持单纯竞争关系而言，在技术标准联盟中主动构建"结构洞型三元伙伴关系"确实具备促进技术标准的产业化规模和扩散速度的可行性。也就是说，以公共供应商为中介将下游竞争性生产企业建构为"竞合"关系，可以为技术标准加速扩散形成贡献。其次，推动效应的实现主要取决于以结构洞为中介的伙伴间双向知识流动比率的值，即三方伙伴必须同时遵守关于知识传递比率的临界值。最后，上游供应商与下游生产商违反知识传递比率承诺的实现条件存在差异，总体而言，公共供应商率先违反承诺的可能性高于下游生产商。

　　以上三个研究发现表明，当技术标准持有者有意借助联盟方式来加快技术标准扩散时，首先，其应当关注构建以公共供应商为中心的、同时包含上游供应商及下游竞争性生产商的三元伙伴关系，这种伙伴结构有助于扩大技术标准的产业化规模。其次，在构建和维持三元伙伴关系的过程中，组织者应判断上下游伙伴之间的技术相似度情况，并以此为根据来决定对哪一方实施更多的关注和控制。本书表明，技术相似度越高，上游公共供应商对合作稳定性的影响和决定作用越高于下游生产商；但是当技术相似度较低时，生产商对合作稳定性的决定作用则可能高于供应商。此外，增加合作关系中共享知识的价值并合理控制上下游伙伴之间的技术相似度对于联盟的成功也发挥着重要作用。只有对以上三个方面进行有效管理与控制，才可以持续发挥"结构洞型三元伙伴结构"对技术标准扩散的促进效应。

3.3.4　基于伙伴嵌入的技术标准联盟非正式治理

　　对于技术标准联盟，其战略目标是建立技术标准，目标的实现则取决于联盟的竞争能力。笔者提出，区别于以往单一功能的R&D联盟和营销联盟，技术标准联盟的根本特征在于其竞争能力同时包含与技术标准研制相关的技术能力，以及与标准市场扩散相关的市场能力，这就意味技术标准联盟的竞争能力是与标准相关的技术能力和市场能力的总和。

　　联盟竞争能力的关键性决定因素是联盟的治理（桂黄宝，2011；李大平和曾德明，2006）。健全、完善的治理，可以把分散于联盟伙伴间的各项能力，融合为联盟整体的竞争能力，并产生"1+1＞2"的协同效应。在战略联盟研究领域，联盟的治理被划分为正式治理机制和非正式治理机制（桂黄宝，2011），其中正式治理机制是指借助正式契约而开展伙伴关系管理；非正式治理机制则是基于信任、承诺等非正式合同条款而实施的。联盟正式治理机制的理论基础比较丰富，交易成本理论、资源依赖理论等主流联盟理论都对正式治理及其选择机制进行了大量分析，而非正式治理机制的理论基础主要是社会资本理论，主要从信任和承诺等因素开展讨论。精心设计的正式治理机制（契约）是推动联盟发展的主要因素，但是契约本质上存在不完备性，无法涉及联盟的所有问题。而非正式治理机制可以弥补正式治理机制的不足（黄玉杰，2009）。所以，本节认为非正式治理机制是以知识/技术密集为特征的技术标准联盟的关键问题之一，对技术标准联盟的技术能力和市场能力产生重要的影响。而现在有关于该议题的研究视角存在局限，过度集中于社会资本理论的信任机制（李煜华等，2011；简兆权和招丽珠，2010；周杰，2009），研究结论的有效性和实用性都有待改进。因此，本书将新经济社会学理论——嵌入理论引入联盟的非正式治理领域，从嵌入机制视角探讨技术标准联盟中的伙伴间非正式治理安排，并讨论其对技术标准联盟竞争能力的影响。

1. 联盟伙伴嵌入性的相关研究

"嵌入性"概念是波兰尼在《大变革》中首次提出的（Polanyi，1944），其广泛运用则始于格兰诺维特在《美国社会学杂志》上发表的《经济行动和社会结构：嵌入性问题》一文（Granovetter，1985）。嵌入性观点认为行为主体可能获得的潜在机遇取决于其所融入的网络类型，而且行为主体在网络中的位置和其所维系的关系决定了其能否把握住这些机会。嵌入性理论的典型分析框架是结构性嵌入和关系性嵌入两个维度，其中结构性嵌入研究行为主体在网络中的位置，而关系性嵌入则研究行为主体在网络中的关系强弱。

关于嵌入性的选择及其对组织的影响，学者们开展了理论和实证研究。这些研究可以分为两个视角。

一是外部视角，即站在某企业角度，探讨其与其他组织的嵌入关系选择，以及不同嵌入方式对企业自身绩效的影响。在这方面，学者们一致认为组织与其他组织的嵌入安排对其竞争能力存在较强影响，但对于影响方式却存在不同观点，甚至存在分歧与矛盾。Burt（2009）提出了"结构洞"观点，并从网络结构角度，分析了嵌入对网络创新能力的影响，他认为行为主体拥有结构洞，就可以获得大量信息，提高自身的技术能力；如果行为主体缺乏结构洞，则其技术创新能力将受到制约。Uzzi（1997）、Ostgaard和Birley（1996）从关系性嵌入视角，以强关系和弱关系两维度开展分析后提出，强关系与企业绩效存在正相关关系，可以提高企业的竞争能力。与之相反，Granovetter（1985）及林润辉（2004）等认为弱关系有利于传递异质性信息，因而弱关系与企业绩效也存在正相关关系，同样可以提高企业的竞争能力。

二是内部视角，即站在某网络组织角度，探讨网络内部各成员之间的嵌入安排，以及不同嵌入安排对网络组织整体的影响。例如，赵红梅和王宏起（2010）站在联盟整体角度，分析了不同嵌入安排对联盟网络效应的影响，并得出结论：R&D联盟网络能够产生多种效应，包括与结构维度相关的知识转移效应和组织学习效应及与关系维度相关的社会资本效应和创新效应，以及与位置维度相关的控制效应、信息效应和声望效应。在赵红梅和王宏起的研究中，没有涉及联盟本身的资源禀赋，如R&D联盟的已有专利量、创新能力等，这些禀赋对联盟研发效果是存在影响的。

通过以上文献分析可以看出，学者们的研究主要集中于企业与其他组织的嵌入安排，以及不同嵌入安排对企业自身的影响。对于组织内部各成员之间的嵌入选择，以及不同嵌入安排对组织整体的影响则研究较少，至于本节关注的技术标准联盟这一特殊的联盟形态，其内部的嵌入性及其对联盟竞争能力的影响机理问题，相关研究则更为少见。因此，本节将研究定位于探讨技术标准联盟内部的嵌入性选择及其对联盟竞争能力的影响，具体而言，将分别研究关系性嵌入和结构性嵌入对技术标准联盟竞争能力的影响，其中竞争能力包括联盟的技术能力和市场能力。本节的研究思路和路径如图3.4所示。

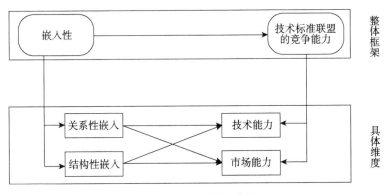

图 3.4　研究思路和路径

2. 关系性嵌入对技术标准联盟竞争能力的影响

关系性嵌入概念源于格兰诺维特的界定，但是我国学者在引用和解释的时候，存在一定偏差。李玲（2008）认为关系性嵌入，即经济行动者是嵌入于其所在的关系网络中并受其影响和决定的。但是，游明达（2008）、刘兰剑（2010）及彭正银（2001）认为，关系性嵌入与二元交易关系相关，它是指交易双方对对方的需求和目标的重视程度，以及交易双方之间相互信任、信赖和信息共享程度。本节采用后一种界定。

根据格兰诺维特的经典分类法，关系性嵌入分为强关系和弱关系两种模式。其中强关系包括四个特征，分别为互动频率高、亲密程度强、关系持续时间长和相互服务的内容同质化；相对的，弱关系的四个特征则是互动频率低、亲密程度弱、关系持续时间短和相互服务的内容异质化。本节采用这一经典分类法及特征指标，分析关系性嵌入对技术标准联盟竞争能力的影响，研究思路如图3.5所示。

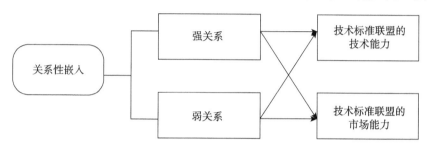

图 3.5 关于关系性嵌入的研究思路图

1）关系性嵌入对技术标准联盟技术能力的影响

技术标准联盟是核心企业通过与其他联盟成员的联系，形成以自身为核心，以标准的研发和市场化推广为目标的网络组织。技术标准联盟的技术能力是指联盟研发和制定技术标准的能力。从技术层面讲，技术标准中通常包含两类技术，这两类技术也是技术能力的两个来源：一是显性的既有专利技术，通过相互授权使用即可形成联盟的技术能力；二是隐藏于成员企业内部的技术诀窍和研发技能，只有在愿意彼此共享并实现了理解、转化和吸收之后才能实质推动对技术标准子模块的联合研发，并最终形成联盟的技术能力。

技术标准联盟在组建时，其技术能力存在两种情况：一是成员企业拥有现成的专利，并且这些专利基本可以形成技术标准方案；二是不具备形成完整技术标准方案的全部必要专利，需要联盟成员合作研发某些专利模块。在第一种情况下，企业拥有的专利是显性的，易于在联盟成员间共享和流转；而对于第二种情况，即需要联盟成员开展合作研发活动，此时仅仅依靠专利的流转是不够的，还需要隐性技能的相互共享与传递，并且需要伙伴在合作过程中保持信任。在上述两种不同资源禀赋条件下，关系性嵌入的两种模式（强关系和弱关系）在技术标准联盟成员中的选择机理及其产生的影响是存在差异的。

（1）强关系的选择及其对技术标准联盟技术能力的影响。

学者们对强关系的作用进行了正反两方面的分析。Joel和Cowan（2010）、李玲（2008）、蒋春燕（2008）等学者认为企业间维持强关系存在弊端，主要观点是：强关系会导致信息循环流动和流动冗余，企业从网络中很可能只获得同样的信息，从网络外部获取新颖信息的机会就会下降；强关系的维系需要花费大量的时间和精力，即需投入较多资源。对于强关系的优势，李玲（2008）认为，强关系可以使企业间形成相互信任，减少机会主义风险，原因是企业间长期、频繁的接触，可以使企业彼此相互了解，并且可以比较准确地判断对方的合作态度和实力。赵红梅和王宏起（2010）则从感情角度分析，认为强关系可以培养彼此的感情纽带，促使企业间产生信任。Rowley等（2000）、Bian（1997）、刘兰剑（2010）等学者认为，强关系为企业间信息交流提供了便利，企业间可以交流丰富而复杂的信息（隐性技能），这些信息对新产品开发具有至关重要的影响。

前文述及技术标准联盟的两种技术能力状况。对于第二种情况，即联盟还不具备形成技术标准方案的全部基础专利，因而需要成员共享各自的隐性技能开展联合研发，以研制技术缺少的技术模块。为了完成该项任务，研发成员（往往是联盟的核心技术成员）之间需要构建有效的连接关系。由于，一方面，隐性技能通常涉及企业的核心能力，导致企业共享意愿不高，这种情况下，仅仅依靠正式制度（如签订技术共享合同）很难保证技术的真实共享。任何互惠信念的产生都需要借助频繁且令人满意的互动与接触（即成员间形成强关系），也就是说，只有强关系才能为隐性技能在联盟成员间共享构建有效的激励环境。另一方面，假设伙伴形成共享意愿，隐性技能的流转还会面临一个难题，就是技能本身不易共享的特性，于是为了提高对技术的理解、转化和吸收能力，需要伙伴间继续维持深度互动（即保持强关系模式），才能够最终实现隐性技能的实质性共享，以及以此为基础的新技术研制，进而增强技术标准联盟的技术能力。基于以上分析，提出假设3.7。

假设3.7 当联盟成员的既有专利不能形成完整的技术标准方案，还需要开展以隐性技能共享和流转为特征的技术活动时，技术成员间建立强关系更有助于技术标准联盟技术能力的提升。

（2）弱关系的选择及其对技术标准联盟技术能力的影响。

对弱关系的研究，起源于格兰诺维特，他认为弱关系相对于强关系更有利于信息的流通，即弱关系作为桥梁可以促使企业间异质信息相互流转，并且维持弱关系所投入的资源相对于强关系少得多。很多学者经过研究，验证了格兰诺维特的观点。Bian（1997）对我国职业流动做调查，发现弱关系的作用主要体现在促进信息流通方面。随后，van der Aa和Elfring（2002）进一步提出，弱关系更有利于显性知识的交流。

前文述及的技术标准联盟中两种技术状况，对于第一种状况，即联盟成员拥有的专利技术基本上可以形成技术标准的完整方案，此时，成员间只需要相互授权使用彼此的专利，或者是放弃支配权将专利贡献给联盟，就可以通过专利组合打包完成技术方案的制订。这一过程中，除了价格谈判之外，成员之间不需要进行频繁的、深入的和密切的互动，也不涉及过多技术的交流，而主要是显性专利的授权与共享，所以企业间选择弱关系，即可保证上述行为的实施。这一点与van der Aa和Elfring（2002）的研究结论一致。此外，与其他技术企业保持弱关系可以扩大联盟对异质信息的获取渠道。对于业内其他技术实力不太强的技术企业，尽管它们当前对技术标准的贡献度较低，但是从长远来看，与尽量多的此类企业保持相互联系，有助于联盟接触和收集更多改进技术标准的信息，从而保证技术标准的先进性和动态升级。但是为了控制成本，联盟可以与这些可能会做出贡献的技术企业保持不定期互动的弱关系模式，在不增加资源耗费的同时，获取将来或有的技术收益。基于以上分析，提出假设3.8。

假设3.8 当联盟成员已经具备制定技术标准所需的全部必要专利，对新加盟技术企业的研发能力要求不高（换言之，加盟企业与联盟核心研发企业只需要进行专利的交流），或者是新加盟的技术企业对技术标准的贡献比较弱的情况下，联盟与这类技术企业维持弱关系更有助于技术标准联盟技术能力的提升。

2）关系性嵌入对技术标准联盟市场能力的影响

技术标准联盟的市场能力是指联盟中与标准相关的上下游企业相互合作，共同推动技术标准商品化和市场扩散的能力。该过程中包括两个关键节点，一是将技术标准产品化的生产企业，因为直接面对最终消费者，所以它们对标准的市场化速度具有直接影响。为了对伙伴间的关系连接进行更为深入和细致的探析，本节认为需要把终端生产企业进一步区分为大型终端企业和小型终端企业。二是与该标准相关的技术配套企业，由于它们研发的应用程序会影响技术的实用性、易用性和用户体验，因而对标准的市场化也具有重要影响。以微软操作系统为例，其成功获得事实标准的市场地位离不开上述两方面原因：首先，凭借其优越的性能、质量与用户体验，终端企业普遍愿意采用其标准，规模庞大的终端产品上市直接推动了标准在消费者中的扩散；其次，微软免费向软件及应用程序开发商开放其技术平台，甚至给予免费的技术培训，这吸引了数量众多的软件开发企业加入该技术平台，并贡献丰富的应用软件，从而进一步提升了微软操作系统的性价比，吸引更多消费者使用该标准。本节将具体分析技术标准联盟中处于核心地位的研发企业与这两类关键节点企业之间关系性嵌入模式。

（1）强关系的选择及其对技术标准联盟市场能力的影响。

由于终端生产企业直接面对消费者，所以其采用该标准的积极性直接决定着技术标准的市场影响力。交易成本理论指出，每项新技术的市场化扩散都需要产业链上各节点发生相应的专用性资产投资，终端生产企业也不例外。在标准的制定和市场化推广过程中，终端企业会与研发企业进行反复博弈，以确保采用和推广该技术标准所带来的利益大于其所投入的专用性资产投资数量。由于大型终端企业占据较大的市场份额，如果它们成为新技术的使用者将直接推动技术的标准化速度（智能手机领域的安卓操作系统，是随着HTC、三星等大型手机终端企业的加盟，才逐渐成为重要事实标准的）。所以，核心研发企业在制定标准时，需要及时向主要生产企业征求技术指标并通报参数水平，保证新技术可以被生产成产品，并且能够以较低的交易成本实现产品化任务。同时，大型终端企业也应该把自身的技术要求和生产条件等信息及时传递给研发企业，相互间保持最高的协调与兼容，减少不必要的专用资产投资并弱化市场风险。鉴于这是一个反复性互动过程，因此双方只有维持强关系，即建立持续的、亲密的联系，彼此才可能及时、准确且低成本地理解技术标准的生产要求，并实现产业化，最终推动技术标准联盟市场扩散能力。基于以上分析提出假设3.9。

假设3.9　技术标准联盟中，核心研发企业与大型（或重要）终端企业之间维持强关系，更有助于技术标准联盟市场能力的提升。

（2）弱关系的选择及其对技术标准联盟市场能力的影响。

首先，分析小型终端企业在技术标准联盟中的地位及其所决定的关系性嵌入模式。小型终端企业的特征可以概括为，占据的市场份额不大，对市场的影响有限，并且数量较多。在这种情况下，联盟中的核心研发企业与小型终端企业在维持关系时会存在以下特点：①由于小企业数量较多，如果一一保持紧密关系，必然会占用大量资源；②由于每个企业的现实生产条件不同，它们对新技术的生产要求会存在各式各样的诉求，因而研发企业在制定标准时不可能一一满足所有企业的诉求，否则会产生严重的资源浪费；③单个小型终端企业对市场的影响力有限，对标准的市场化扩散影响力不大，其采用的策略通常是跟随大型终端企业，所以后者才应该是战略重点单位。基于以上分析，我们认为研发企业同小型终端企业之间更适宜维持以低频互动，甚至是核心技术企业单边行动为特征的弱关系。

其次，分析技术配套企业在技术标准联盟中的地位及其嵌入模式。技术配套企业主要基于技术标准平台进行兼容性软件和应用程序的开发，增强标准的实用性。例如，苹果公司的IOS操作系统，其发展除了本身的优越性以外，技术配套企业提供基于IOS操作系统的应用程序（苹果应用商店中包含各式各样的应用程序，极大地满足了消费者的需求）同样促进了IOS操作系统的市场化。技术配套企业同研发企业的联系存在以下特点：①两者之间的联系是在新技术产生之后形成的，技术配套企业的角色是在技术搭建的基础平台上补充局部应用功能，使新技术更容易被消费者接受；②两者间联系的建立取决于研发企业所采用的技术扩散策略，即作为标准拥有者的研发企业，是否采取技术标准开放策略，是否允许或重视外围配套企业在其技术平台上的开发配套技术；③技术配套企业的进入门槛低，因而数量众多。个人、小型企业或者大型企业都可能参与应用技术的开发。综上，技术配套企业与核心技术企业之间的关联，主要是技术标准平台的使用权问题，本质上是授权与使用的关系。所以，核心研发企业与技术配套企业之间维持较低程度的互动和亲密关系，即弱关系，就可以满足丰富标准的应用功能并助推其市场扩散的需要。基于以上分析，提出假设3.10。

假设3.10 技术标准联盟中，核心研发企业与小型终端企业，以及与技术配套企业之间，均维持弱关系就可以保证技术标准的市场扩散能力。

3. 结构性嵌入对技术标准联盟竞争能力的影响

和关系性嵌入一样，结构性嵌入的界定同样来自格兰诺维特，而我国学者在转引的时候进一步区分为宏观和微观两种视角。宏观角度关注的是网络的整体结构，如游明达（2008）认为，结构性嵌入是指网络中各种关系（交易关系和非交易关系）相互交织形成的网络总体性结构。李玲（2008）认为，由行为者们构成的关系网络是嵌入于由其构成的社会结构之中，并受到来自社会结构的文化、价值因素的影响或者决定的。微观角度关注的则是某个节点企业在整个网络中的结构位置。彭正银（2001）认为，结构性嵌入可以看做群体间双边共同合约相互连接的扩展，这意味着组织间不仅具有双边关系，而且与第三方有同样的关系，使群体间通过第三方进行间接的连接，并形成以系统为特征的关联结构。本小节采用彭正银对结构性嵌入的微观界定。

Burt（2009）提出的结构洞理论是从微观层面出发分析网络组织结构性嵌入的代表性理论。Burt认为网络中的主体存在两种连接方式：一是网络中主体间存在直接联系；二是网络中主体间不存在直接联系，即主体之间存在一个结构洞。根据交易成本理论，企业之间维持直接联系需要投入一定的资源，如果企业维持直接联系所投入的资源大于获得的回报，则企业不会选择继续维持直接联系。所以，企业维持直接联系的数量存在一个限度，而结构洞可以扩大企业的交流范围，即通过结构洞企业可以同更多的第三方企业取得联系，彼此交流，推动联盟竞争能力的发展。同时，占据结构洞的企业可以获得相对于其他企业更加全面的信息，这有利于推动企业本身的发展，所以企业会自发产生占据结构洞的需求。但是，在由竞争对手组建而成的技术标准联盟研发合作关系中，企业占据结构洞是最优安排么？本节将采用Burt的结构洞理论，针对技术标准联盟中结构洞的位置到底由谁占据才能够更有助于提升联盟竞争能力的问题进行比较分析，研究思路如图3.6所示。

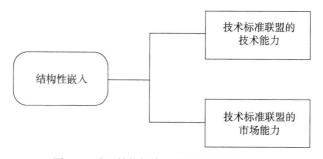

图 3.6 关于结构性嵌入的研究思路图

根据结构洞理论,将技术标准联盟中可能占据结构洞位置的组织划分为两类:一是被企业占据,即联盟中仅包含企业类成员;二是被中介机构占据,即联盟中同时包含企业和中介组织。现实情况中,国内外技术标准联盟的成员构成基本上可以归纳为这两种模式。例如,DVD产业中的3C和6C联盟都属于仅包含企业类成员的联盟,而MPEG联盟有专业的中介机构MPEG-LA,闪联联盟和AVS联盟也都存在专业的中介机构。

1)结构性嵌入对技术标准联盟技术能力的影响

前文已述,技术标准联盟的技术能力体现为联盟中研发企业对技术标准的研发能力。因此,下文主要分析技术标准联盟中研发企业之间的结构性嵌入安排及其对技术标准联盟技术能力的影响。

技术标准联盟中的研发企业具有共同目标,即推动技术标准的开发,但是作为同质企业,它们之间又存在竞争关系,所以它不会主动和完全地传递信息,即存在弱化效应。这种弱化效应可以借鉴李永周(2009)在分析知识流动时采用的算法进行刻画。本节以每个企业独有技术能力(其他企业不具备的技术能力)在联盟中传递的效果来测量联盟的技术能力。假设每个企业自身独有的技术能力为1,如果企业间建立直接联系,那么企业独有技术能力在传递时不会减弱,而是直接叠加,如图3.7(a)所示,此时的联盟技术能力为16。但是,由于直接联系会占用大量资源,所以直接联系的数量有限,需要构建结构洞。如果结构洞是由企业占据的,那么独有技术能力在传递中被弱化,假设弱化系数为 i $(0<i<1)$。经过传递后,如图3.7(b)所示,技术标准联盟技术能力为 $12+4i$。为了削减上述技术传递过程中所产生的弱化效应,可以尝试以中介结构代替企业,作为结构洞并发挥协同功能。其一,中介机构可以缓和企业之间的竞争关系,促进联盟内同质性企业间的合作,如行业协会等专业中介结构的职责就是沟通和管理相关企业,其大部分精力和资源也投入于此;其二,中介机构汇聚着相关行业的大部分信息,具有各方面的专家,可以对相关领域做出全面的、专业化的分析;其三,中介机构在吸收和转化相关信息的同时,可以向企业传递更全面的信息。所以,本节认为,中介机构可以强化联盟内企业间技术能力的传递,并且其强化系数为 $k(k>1)$,如图3.7(c)所示。此时,联盟的技术能力为 $12+4k$。由于 $k>1>i$,所以 $(12+4k)>(12+4i)$,即存在中介机构的联盟技术能力要大于不存在中介机构的联盟技术能力。在现实中,很多技术标准联盟中也存在中介机构。例如,闪联技术标准联盟在成立之初,就组建了闪联标准工作组,而后又组建了北京市闪联信息产业协会;AVS技术标准联盟在成立之初,也组建了AVS标准工作组。基于以上分析,提出假设3.11。

假设3.11 相较于仅包含企业类成员的联盟结构,技术标准联盟中存在中介

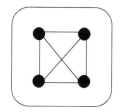 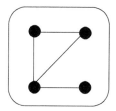 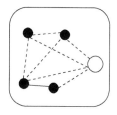

（a）只有企业间直接联系 （b）由企业占据结构洞 （c）由中介机构占据结构洞

图 3.7 技术标准联盟技术能力示意图

机构更有利于联盟技术能力的提升。

2）结构性嵌入对技术标准联盟市场能力的影响

结构性嵌入对技术标准联盟市场能力的影响源自两个方面：一是整体规模所导致的市场力量（market power），即成员数量越多，技术标准联盟的整体规模越大，其市场影响力也越大；二是联盟成员之间的连接方式，尤其是产业链上下游企业形成的纵向协作关系对技术标准的产业化和市场扩散具有重要的决定作用，也就意味着联盟内纵向企业间的结构性嵌入安排对联盟市场能力有较大影响。与前文分析脉络相一致，下面分别讨论研发企业同下游终端企业和上游技术配套企业的结构性嵌入安排。

（1）仅存在企业间直接联系的情况。

随着技术的进步，标准越来越复杂，同时，标准中包含的专利数量也在不断增加，导致单个企业很难拥有标准中包含的全部专利。所以，不管是终端企业还是技术配套企业，在使用标准时都需要获得数量众多的研发企业授权（图3.8）。其存在如下弊端：①在技术标准市场化过程中，研发企业、生产企业和辅助技术开发企业之间需要开展大量谈判，进而产生过多交易成本，消耗过量资源，并可能延迟新技术的市场化进程。如图3.8所示，每个终端企业都需要同三家研发企业联系，以获取相关专利，而每家研发企业需要同六家企业联系（包括三家终端企业和三家辅助技术开发企业）；②容易引起企业间矛盾。由于研发企业拥有联盟核心资源——标准，并且其他企业在开发基于标准的相关产品时，必须获得标准的使用授权，这容易导致研发企业"坐地起价"，增加其他企业的负担；同时，当使用成本上升到一定程度，终端企业和辅助技术开发企业会避免采用该技术，进而导致标准的市场占有率降低。一旦形成恶性循环，十分不利于新技术标准的市场扩散。

（2）由中介机构占据结构洞的情况。

结构洞的存在有助于网络强化其信息获取能力（Burt，2009）。那么，在技术标准联盟中，引入中介机构作为结构洞会产生哪些作用呢？高丽娜（2011）认为中介机构不仅促进各类组织间相互交流，还提供创新资源配置、创新决策和管理

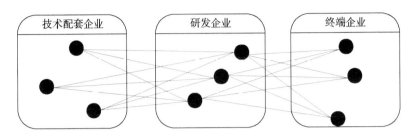

图 3.8　研发企业与其他企业的直接联系

咨询等专业化服务，进而加速科技成果的市场化扩散。因而有理由推测中介机构
（如专业的第三方专利管理公司）参与技术标准联盟，将有助于加快技术标准的
市场扩散。现实中，中介机构往往比研发企业更加了解市场的需求和动态，又比
终端企业和辅助技术开发企业更了解标准的技术含量与发展标准需投入的各种资
源，而且中介机构还可以站在整个行业的角度分析标准的技术先进性和市场的需
求水平，所以，中介机构可以向研发企业、终端企业和辅助技术开发企业提供它
们缺乏的信息，使其可以全面地分析市场。此外，中介机构在技术标准联盟中还
可以发挥协调功能，可以把技术标准产业链的上下游相互对接，传递彼此的需求，
促进技术标准联盟中各类企业相互合作，减少联盟成员间因合作而消耗的资源，
进而使技术标准能够以更低的成本和更快的速度实施产业化。基于以上分析，提
出假设3.12。

假设3.12　相对于仅存在企业类成员的结构，技术标准联盟中存在中介机构
占据结构洞时，更有助于提升联盟的市场能力，加快技术标准的市场扩散。

　　4. 案例分析——闪联产业技术标准联盟中的嵌入性

　　闪联产业技术标准联盟成立于2003年，关注于家电智能互联技术的研发与推
广，是中国发展较为成熟的产业联盟体。闪联由两部分组成，即闪联信息产业协会
和闪联信息技术工程中心，前者主要负责标准的制定及联盟的日常工作，后者主要
负责闪联技术的产业化和市场推广。协会中的成员分为四类，即核心会员、推广会
员、普通会员和观察会员。其中核心会员包括联想、TCL、长城、长虹、创维、海
信、康佳、中和威、中国电子技术标准化研究院、中国网通、华为、美的、闪联信
息技术工程中心和香港应用科技研究院14家单位，其余三类会员总计140家左右。
信息技术工程中心是由闪联信息产业协会中8家核心会员共同组建的（即前文所述
14家核心单位中的前8家）。下面对闪联联盟成员间的嵌入性安排进行具体分析。

　　1）闪联中的关系性嵌入

　　（1）技术成员之间。

　　一方面，闪联核心研发企业间构建并维持着强关系（印证了假设3.7）。协会
中的核心会员都是3C行业的龙头企业，是联盟的发起单位，同时它们也是技术标

准的主要研发单位。作为核心会员，它们不仅提出了发起该技术标准的倡议，制定了技术标准的基本功能与构成，分别承担相关标准工作组的实质性研发工作，参加联盟的会员大会，而且还会经常性地举办核心会员大会，交流和讨论标准研发工作。另一方面，包括普通会员在内的剩余三类会员则保持了弱关系（印证了假设3.8），不论是在沟通频率方面还是在互动深度方面，它们彼此之间及与核心会员之间的交流明显减少。

闪联中所构建的上述伙伴关系特征，可以从强/弱关系理论视角得到解释，也与笔者在前文中的相关理论和研究假设相一致。首先，在核心成员关系构建方面，闪联是由联想集团发起成立的，发起时联盟公司并不拥有形成闪联技术标准的全部专利，因而需要选择合作伙伴开展联合研制，除了共享伙伴已经拥有的显性技术专利之外，更重要的是协商技术构成、模块切割与集成、兼容与互联等关键决策，而这一过程中通常涉及大量的隐形知识共享活动。这一过程中，闪联的核心研发伙伴选择了相互间建立强关系，从理论上讲，由于强关系模式能够为伙伴提供高效的交互平台，以高频和纵深为特征的沟通协调与隐形知识流转得以实现并具有效率，保证复杂的技术标准方案以最快速度得以确立。对于普通研发类企业的嵌入模式，这类企业的研发实力较弱，对技术标准的资源投入和能力共享有限。所以，核心研发企业与这类企业之间不会发生密集的互动与协调，因而没有必要花费较多资源和成本与它们维持强关系，构建弱关系既可以形成交流渠道，实现必要的沟通，并获取此类企业对技术标准确立所能够做出的贡献。

（2）技术成员与产业化成员之间。

一方面，闪联中的核心研发企业与大型终端企业维持强关系（印证了假设3.9）。表现为在负责闪联标准产业化和市场推广的信息技术工程中心，八家共建单位（也即核心成员）中，全部都具有生产职能。另一方面，核心研发企业与小型生产企业和技术配套企业间，主要维持弱关系（印证了假设3.10）。表现为联盟通过闪联中间件平台帮助企业快速开发闪联高清电视和网络播放器等产品。

上述嵌入安排在强/弱关系理论中可以得到解释。首先，笔者发现闪联中的大型终端企业，除了生产职能之外，往往还同时兼具研发功能，这很可能是导致强关系安排的根本原因。例如，在负责闪联标准的生产和市场推广的信息技术工程中心里，八家共建单位全部都是同时承担核心技术研发和生产两大职能的联盟核心成员。这些核心成员既决定着闪联标准的技术方案，又担负产业化职能，这必然导致相互之间在研发环节、生产环节和市场推广环节存在着频繁且紧密的联系，因此，只有构建强关系模式才能够满足上述互动需求。所以，闪联中研发企业与大型终端企业之间维持强关系。这里或许可以做出如下理论预测，即便大型生产企业只承担单一的生产职能，核心研发企业也将与之维持强关系，因为只有如此才能保证标准的高效投产并快速占领市场。其次，闪联技术产业化过程中涉及数量众多的小型生产企业和技术配套企业，尽管在整体上它们对闪联技术标准的产业化具有重要影响，但是从单个企业角度讲，每一个企业的决定作用都比较小，并且企业间存在着操作系统、处理器及应用系统差异化而导致的兼容性和协同性问题。所以，核心研发企业与它们维持强关系会明显增加产业化过程中的交易成本。为了避免这一弊端，闪联联盟采用了与小企业保持间接关系的连接模式，即开发闪联中间件平台，并有偿授权给企业。所有闪联配套技术和终端产品厂商直接在该中间件平台上进行操作，无须与核心研发企业维持交流频率较高的强关系，并且减少了企业间的沟通环节，进而降低了协同成本。所以我们有理由相信，核心研发企业与小型终端企业和技术配套企业之间维持弱关系即可满足联盟的需要。

2）闪联中的结构性嵌入

闪联联盟包含两个中介组织——闪联信息产业协会和闪联信息技术工程中心，分别占据着联盟内部研发企业群体和终端企业群体的关键节点位置。其中闪联信息产业协会负责闪联标准的制定（印证了假设3.11），闪联信息技术工程中心负责闪联标准的市场化推广（印证了假设3.12）。

闪联的结构性嵌入安排与笔者在前文中论述的相关理论和研究假设相一致。在标准制定方面，闪联信息产业协会作为中介结构，占据研发类成员群体的关键节点，并发挥着协调者的功能。闪联信息产业协会中包含140多家企业，每个企业都归属于一个或多个标准研发小组，贡献企业的技术能力，以自主研发或合作研发的形式，参与技术标准的共建。但是，这些研发小组是在协会的统筹领导下部署和实施相关研发工作的。闪联信息产业协会根据各个企业的技术优势进行分工，并且提供平台供企业间进行技术交流，分享相关技术，统筹规划标准的研发工作。闪联信息产业协会不仅可以汇集各种研发信息，还可以经过一定的吸收转化之后，传递给企业，从而产生技术能力的增量效应。此外，闪联信息产业协会作为中介还可以显著节约标准研发过程过程中的交易成本，研发企业之间可以减少相互联系，而统一与闪联信息产业协会联系，即由网状的结构转变为星状结构，闪联信息产业协会处于星状结构的中心，这样可以大大节省企业间因传递信息而形成的成本。在市场化推广方面，主要由信息技术工程中心负责。它占据着终端企业群体的关键节点，不仅可以作为终端企业的代表加强同研发企业沟通，加强标准市场化推广的可操作性，同时可以为终端企业间传递信息提供平台，加强彼此之间的交流。其八家共建单位既是终端企业又是技术标准的研发企业，在推动标准和终端产品的协调方面具有优势。工程中心负责闪联标准的统一对外授权，同时负责研发有助于促进标准实用化的配套技术。这样既可以避免标准多头授权而降低终端企业的效率，同时又可以减少终端企业采用标准所消耗的资源。

5. 研究结果

本节从技术标准联盟中典型的伙伴类型及关系角度，对技术标准联盟中的嵌入性安排进行了理论分析，具体讨论了嵌入性对技术标准联盟竞争能力的影响（其中嵌入性分为结构性嵌入和关系性嵌入，竞争能力分为研发能力和市场能力），并提出了六项研究假设。针对研究假设，本节对闪联产业技术标准联盟进行了案例分析，发现理论假设与闪联的现实管理模式基本一致，从而本节的理论分析得到了典型案例的支撑。本节的主要发现可以归纳为图3.9。

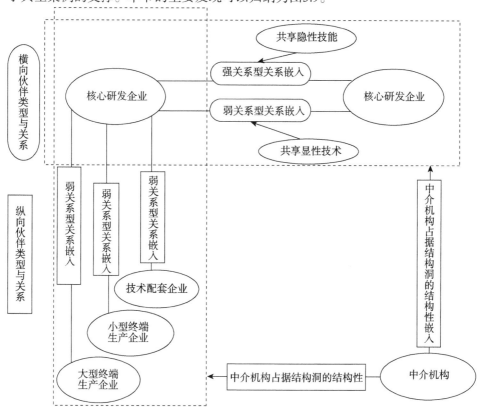

图 3.9　技术标准联盟中的嵌入安排

在关系性嵌入安排及其效果方面，本节发现：①在核心技术企业之间，强关系和弱关系都可以在一定程度上提高联盟整体的技术能力，但是联盟需要根据自身的资源情况，选择不同的关系性嵌入安排。如果技术标准联盟缺乏专利支撑，需要加强联盟成员后续研发实力，则研发企业间需要维持强关系。强关系可以促进联盟成员间隐性技能的流转，进而推动联盟技术能力的发展。但是，强关系存在一个弊端，即需要投入的资源较多，只能推动一定范围内伙伴间隐性技能的流转。如果技术标准联盟拥有足够的专利，对联盟后续的研发实力要求不高，则研发企业间维持弱关系较为适宜。专利作为显性的技术能力,其流转的主要方式是彼此授权,联盟成员间无须维持消耗资源较多的强关系,维持弱关系即可。并且,联盟成员间维持弱关系,可以扩大交流的范围,推动专利在更大范围内流转。②在核心技术企业与其他产业链环节企业之间,应根据不同情况选择不同的关系性嵌入安排。核心研发企业与大型终端企业应该维持强关系,以促进双方在反复博弈过程中,彼此信息可以更加全面地传递到对方,促进标准的发展;核心研发企业与小型终端企业可以选择维持弱关系,在不影响技术产业化的情况下减少关系维系成本,并为核心技术的研制提供资源保证;研发企业与次要技术配套企业也适宜构建弱关系,既不影响实施技术授权过程并完成兼容性配套技术的开发,还有利于从这些异质企业获取互补性信息以改进技术标准的性能和质量。

在结构性嵌入安排及其效果方面,本节发现相对于仅包含企业类成员的结构,第三方中介机构加盟技术标准联盟,可以推动联盟竞争能力(包括技术能力和市场能力)的提升。其一,在推动技术能力发展方面,中介机构可以协调联盟内部的研发企业。由于企业资源的有限性,研发企业之间很难做到彼此直接联系,比较普遍的情况是彼此通过第三方联系。而中介机构作为第三方可以扩大技术能力流转的深度和广度,进而推动技术能力的发展。其二,在推动市场能力发展发面,中介机构可以协调研发企业同终端企业、技术配套企业的联系。标准产业链中各节点企业相互联系推动标准发展,这需要消耗大量的资源,而中介机构可以减少资源的消耗。同时,中介机构站在整个行业的角度,判断标准的技术先进性和市场的需求水平,可以促进标准更加实用化。

本节的理论分析和发现可以为企业组织及参与技术标准联盟提供一定经验借鉴,为推动国内技术创新和技术标准战略提供理论参考。对于技术标准联盟中的嵌入安排问题,笔者认为可以进一步采用网络结构分析方法进行量化研究,更为深入地挖掘嵌入机制。

3.4 本章小结

本章以技术标准联盟中的伙伴治理为核心问题,根据伙伴类型与关系的不同,首先将技术标准联盟的伙伴关系划分为三个类型,即纵向伙伴关系及其治理、横向伙伴关系及其治理,以及混合伙伴关系及其治理(即同时包含纵向伙伴关系与横向伙伴关系)。这三项研究内容各自所取得的主要研究结论概括如下。

首先,在技术标准联盟的纵向伙伴关系的治理方面。

为了对技术标准联盟内纵向合作关系的治理问题进行清晰和具体的研究,本章相关章节先使用理论分析法对具体的相关概念模型进行刻画。进而针对技术标准联盟内纵向合作关系的治理问题,使用斯坦克尔伯格博弈论模型,对技术标准形成过程中的两个必要环节进行具体刻画：一是对技术标准研制阶段的研究；二是以技术标准为基础的新产品生产与市场扩散阶段的研究。这两个阶段可表示为众多专利→技术标准和技术标准→新产品。这两个阶段中，我们考察了基于"成本分担"的纵向合作方式及其对合作完成技术标准战略所具有的影响。具体而言，在技术标准研发阶段，我们考察生产企业分担技术企业的研发成本；在技术标准产品化阶段，我们则考察技术标准持有企业分担生产企业的生产成本，从而激励更多企业采纳新技术标准，促进其市场扩散。

对于第一阶段的研发合作，即众多专利→技术标准部分，对技术标准联盟内纵向合作创新的几个典型问题进行研究。本章将合作过程构建为一个两阶段博弈。第一阶段中，生产企业决定对技术研发成本的分担比例，而且技术开发企业根据这一分担比例确定最终的研发总投入水平；第二阶段中，技术企业将研发出的新技术许可给生产企业进行产品生产，技术企业决定许可价格，而生产企业决定最终产品产量。主要发现，技术领先企业和生产企业合作研发技术标准更有利于技术标准的确立，本章表现为均衡条件下合作创新产量更高；合作创新较单独创新拥有的研发投资规模更大，表现为均衡时预期绩效更大；合作创新较单独创新承担风险能力更强，表现为均衡时技术可行性要求的降低。所得出的研究发现可以归纳为以下三个方面：第一，上游技术领先企业与下游生产企业共同开展技术标准创新，更有助于增加均衡产量，扩大新技术的市场扩散和市场影响力，从而以更快速度确立新技术的事实标准地位。第二，技术领先企业与生产企业联合研发标准，能够使标准研发中的研发投入成本太大问题得到有效的缓解，创新中巨大的成本压力使很多企业都望而却步，而生产企业对研发成本的分担则有效促进了标准的创新活动，从而有助于技术标准的开发与形成。第三，技术领先企业与生产企业联合研发技术标准，能够增强它们对研发过程中所面临的技术不确定性风险的承受能力，对技术可行性的要求更低，从而更利于新标准的探索和开发。

对于第二个阶段的技术产业化阶段，即技术标准→新产品部分，具体是指对以技术标准为基础进行产品创新，升级后形成新产品，并进行市场扩散的过程。产生化过程的两阶段博弈过程表现为：第一阶段，技术标准持有企业决定生产企业对产品生产过程的成本分担比例，生产企业根据这一分担比例确定最终的产品生产总投入水平；第二阶段，技术标准持有企业将技术标准授权给生产企业，生产企业根据新的技术标准进行新产品创新，并生产最优的市场需求量组合（仍使用新产品的老用户和新增新产品消费者），同时确定产品销售价格。研究发现，在技术标准效应的变动机制方面，技术标准效应与市场不确定性水平成正比，与采用技术标准所需投入的专用资产投资水平成反比，与新技术对原有技术的替代率成正比，与技术标准持有企业对专用资产成本的分担比例成正比；在促进技术标准扩散效果方面，纵向合作机制相对于市场机制具有明显优势，表现为对技术标准的市场需求量与网络外部性效应的提升，以及技术标准产业化过程中对专用性资产投资水平承受能力及对市场不确定性水平承受能力的增强。

综合以上关于技术标准联盟中的纵向伙伴合作与关系协调治理的结论，我们得出，整体而言，在技术标准研制和产业化过程中，相对于技术领先企业或技术标准持有企业而言，纵向合作策略往往会产生更优的绩效表现。换言之，在有效的合作方式下（本章着重探讨的是成本分担机制），上下游企业共同合作更有利于技术标准战略的顺利实施和最终成功。

其次，在技术标准联盟的横向伙伴关系的治理方面。

我们从联盟资源价值及合作风险感知角度，探讨了横向伙伴关系对联盟治理结构紧密度的选择偏好生成机制及其变动机理。本节所取得的研究发现可以概括为以下几个方面。

第一，联盟伙伴所投入资源的战略价值、合作风险感知对企业的联盟结构选择偏好具有显著的直接影响。具体而言，企业向联盟投入的资源价值越高，其越倾向于选择松散的联盟结构与伙伴保持合作关系；企业对合作风险的感知水平越高，也越倾向于选择松散的联盟结构；企业向联盟投入的资源战略价值越高，那么它感知的合作风险水平也会越高。

第二，除了直接影响，变量间的影响关系还存在中介效应和调节效应。具体而言，在资源战略价值与联盟结构选择偏好的影响关系中，合作风险感知发挥了中介传导作用；在资源战略价值与联盟结构选择偏好的影响关系中，联盟类型（规模型或者互补型）发挥着调节作用，即在规模型联盟中，伙伴更倾向于选择松散的联盟结构。

最后，在技术标准联盟的混合伙伴关系的治理方面。

这部分研究分为两部分：混合伙伴的正式治理，即联盟结构分析；混合伙伴的非正式治理，即伙伴的嵌入机制选择。相关研究结论可以概括如下。

第一，在混合伙伴的联盟结构安排方面，我们在技术标准扩散动机下，为技术标准联盟设计了一种以公共供应商为结构洞的、由上下游企业共同组成的三元伙伴结构，分析了这种伙伴结构对技术标准扩散的影响方式及有效性，并讨论了共赢结果的实现条件及稳定性，进而从技术标准联盟内部伙伴关系建构的角度，提出了新的内源性技术标准扩散机制。研究结论主要有三个：①技术标准联盟中以公共供应商为结构洞的长期性上下游伙伴结构对加速技术标准扩散具有内源性促进作用，贡献度取决于以结构洞为中介的双向知识流动比率的大小；②共赢结果的实现条件为三方伙伴同时遵守关于双向知识流动比率的临界值；③共赢结果的稳定性取决于供应商与生产商之间的技术相似程度及生产商专有知识的价值性等因素，其中，技术相似程度与均衡的稳定正相关，而生产商专有知识的价值与均衡的稳定性负相关。

第二，在混合伙伴的嵌入机制选择方面，我们基于新经济社会学理论中的嵌入性理论，分析技术标准联盟伙伴间的嵌入安排及其对联盟竞争能力的影响。具体而言，其一，将嵌入性分为结构性嵌入和关系性嵌入，并且将技术标准联盟的竞争能力分为技术能力和市场能力；其二，分别探讨了两种嵌入安排对两种竞争力的影响机制，并提出了研究假设；其三，借助闪联联盟的案例对所提假设进行了验证性分析。研究发现可以概括为以下两方面：①在关系性嵌入机制方面，在核心技术成员之间，当联盟技术能力的提高依赖于伙伴间隐性技能的共享时，伙伴间需要建立强关系，反之，如果以共享显性的专利为主，适宜维持弱关系；在核心技术企业与其他产业链环节企业之间，研发企业与大型终端企业应该维持强关系，与小型终端企业和技术配套企业适宜维持弱关系。②在结构性嵌入机制方面，中介机构参与技术标准联盟有利于联盟竞争能力的提高。

第4章 政府对技术标准联盟的干预

4.1 研究背景

近年来，随着经济环境的复杂变化及产业型结构转型需求，许多具有地域性或者集群性优势的标准联盟不断出现，在中国主要集中在经济活跃的东部沿海地区和快速发展的中心城市。据不完全统计，截止到2012年上半年，在传统产业的腹地——广东省，新成立的标准联盟已经达到109个，制定并实施各类联盟标准322项，其中产业集群联盟标准有179项。其中包括《红木家具标准》，以及国内首个真正意义上的区域性标准联盟——"万和、万家乐冷凝式家用燃气快速热水器标准联盟"。

中国正在经历从计划经济向市场经济的转型，虽然制度环境不断改变，但是国有企业或集体企业的经营管理仍与政府保持密切的关系，主要表现在其经营思路和战略决策对政府资源与政策具有严重依赖性，缺乏面向市场自由竞争的意识。而一般民营企业虽然具有强烈的竞争意识和开拓创新精神，但由于自身资源的匮乏，对技术创新所需要的研发费用和经营风险无法承担。在过渡阶段仅依靠市场自主创新，而缺乏政府对市场的监督介入是不可行的。因此政府有效介入企业的方式值得我们深入探讨。

综上，技术标准战略是提高企业竞争力的重要途径，而且联盟标准制度已成为最具有实践意义的组织方式；与此同时，在联盟标准的构建过程中，政府的参与又是必不可少的，因此，针对传统产业的联盟标准战略及政府的行为方式进行研究，就成为一项具有理论价值及实践意义的课题。

本章内容将以传统产业集聚地开展技术标准联盟战略为例，阐述传统产业的联盟标准战略及政府行为研究，具体而言，我们将首先选取广东珠三角地区的九个标准联盟案例，通过探索性案例分析，提炼技术标准联盟的组织模式及政府在联盟标准构建过程中的作用；其次构建模型对政府的介入方式及其产生的效应进行数理经济学分析，以探究政府介入技术标准联盟的意义及在不同情况下介入方式的选择，从而对提高中国企业的竞争力及政府介入行为的选择起指导作用，具有重要的理论和实践意义。

1. 理论意义

（1）进一步丰富技术标准联盟的研究。从技术标准联盟产生到现在，学者们对技术标准联盟的相关理论做了大量的研究，如技术标准联盟的界定、形成动因及组织形式。现如今学者开始对技术标准联盟的治理进行研究。虽然国内外技术标准联盟具有很多成功的案例，但是联盟失败的案例也有很多，并且也有很多政府介入技术标准联盟的案例。为了保证政府介入联盟标准的建立过程的有效性，而不是盲目地参与其中而导致技术标准联盟组织效率低下。因此，有必要对技术标准联盟的治理问题进行研究，总结出能够保证联盟有序运作的有效和系统的理论、对合作伙伴的行为起到制约与调节作用的行为规范和运行规则。本章从政府视角考虑进行研究，探讨更加有效的策略，为技术标准联盟治理的研究做出一定贡献，从而丰富技术标准联盟的理论。

（2）从政府角度探讨技术标准联盟治理的治理研究，转变一般学者的研究思路，即从现行的对技术标准联盟治理问题的正面研究，也就是从标准联盟成员间的关系角度进行探讨，如探讨契约型伙伴关系的治理结构及治理机制，转而从政府角度对技术标准联盟中横向伙伴关系和纵向伙伴关系提出有效促进的策略选择。并且，由案例研究所得，政府对企业间所建立的技术标准联盟起着重要的作用，这使政府有必要进行干预。如果政府盲目地进行干预参与或过度参与技术标准的建立，有可能导致技术标准联盟建立和运作的低效率。对技术标准联盟下的政府行为进行研究为全国各地组建技术标准联盟提供理论基础，所以对不同政府介入方式的比较研究具有重要的意义。

2. 实践意义

案例研究从传统产业这一背景产业出发建立技术标准联盟下的政府行为的实践意义在于，可以借助技术标准联盟推动中国传统产业的优化升级，并且对规范和提升行业水平或区域品牌等方面发挥着重要的推动作用。还可以推动传统产业的技术创新，特别是在技术创新密集的珠三角地区。由于中国技术标准理念及制定体制比较落后，技术标准下的联盟起步较晚，多数强制标准和事实标准都与国际水平相差甚远。虽然中国正在着力加强技术创新，并建立联盟标准，然而有效的政府引导是相当重要的，本书的研究可以为政府部门提供直接性理论和建议支撑。

4.2　相关研究

4.2.1　政府干预经济的原理

要研究技术标准联盟下的政府介入方式，需要讨论为什么会出现这种现象。

我们宏观地讨论政府在经济学中干预的原理，是对后文研究技术标准联盟中的政府行为做整体的背景介绍。首先，要从政府干预经济的原理讨论经济学中政府的干预行为。既然政府要干预经济，那么政府对经济的作用有哪些就需要我们讨论。

目前大家普遍认为政府对经济的作用主要包括三个方面，即稳定经济、调节收入分配和资源配置。政府稳定经济的作用主要表现在市场失灵的时候发挥政府职能。例如，在20世纪30年代发生了经济危机，以斯密为代表的自由经济学说让位于凯恩斯的政府干预主义（张旭，2014），这次经济危机主要是因为市场经济的自我调节机制的失效。发挥政府的作用来矫正市场失灵等现象一般是最常采用的方式。调节收入分配的问题主要表现是在市场经济条件下，在残酷的竞争环境下需要政府制定公平公正的分配制度，不然很容易造成社会矛盾和贫富的两极化。资源配置应该是政府最重要的职能，通过调节社会资源的利用率来提高经济社会的发展。

4.2.2 政府干预经济的行为

1. 政府干预经济的历史变迁

中国从计划经济体制向市场经济体制改革的过程就是在改变政府干预经济的行为。在计划经济体制下社会经济主要由政府行为控制，随后在经济体制的改革过程中政府逐渐放开由市场自由调配经济，但中国政府仍在宏观调控上起着重要的作用，但也从微观的政府介入来干预市场经济。本章所讨论的政府介入方式就是从微观角度出发进行政府干预。

政府干预经济的研究一直在反复变化。以美国政府干预行为为例探讨其历史变更中的不同模式。在大萧条之前，美国市场主要以自由市场经济为主，但经历了严重的金融危机之后，人们纷纷开始考虑政府干预经济的方法以便找到一种最好的解决办法，但一直以来政府干预经济的行为争论不断。

市场经济中存在市场失灵的状况，而政府干预也存在政府失灵的状况，解决这两个问题的关键点还是根据具体的情况自由地选择。不用全盘否定政府干预行为，也不能全依靠市场机制的自由调控，特别是中国目前的国情还不能完全放开直接交由市场。在目前这种经济体制下，可以对中国经济发展中的某些行业现状进行分析、总结经验，探索出一条具有中国特色的道路。

2. 政府干预经济的方式

美国在金融危机之后主要运用两种手段保证社会经济的有效进行，这两种方式为财政政策和货币政策（张书亭，1992）。其主要通过宏观经济调控来改善因为金融危机所带来的社会问题。从微观来看，政府的干预行为介入市场经济中的具体地方，通常采用政府采购或者政府补贴的方式介入市场。

4.2.3　直接文献

中国国内对技术标准联盟的研究从前面可以看出主要是从技术标准联盟的界定、形成动因及组织形式和治理角度来进行的，综合前述，我们可以从技术标准联盟的实施主体也就是标准的发起人、标准的制定者、标准的运营管理机构为切入点进行研究，基于国内外技术标准联盟的案例来看，具体来讲一般包括政府、企业及行业协会作为其主体，在这里主要对学者们研究的关于技术标准联盟中的政府行为进行归纳总结。

国外研究技术标准联盟政府也占一席之地，第二代移动通信标准GSM在全球范围内的巨大成功也来源自欧盟建立欧洲统一电信标准的努力（Glimstedt，2001）。Winn（2008）认为欧盟参与市场协调作用虽然短期内取得了较好的利益，但是相比美国的自由经济模式其效率长期看来要差一些。周程（2008）以日本经典的超大规模集成电路（very large scale integration，VLSI）技术研究组合为例对与政府存在竞争关系的大型骨干企业和相关科研院所组织起来成立产学研R&D联盟的意义及关键进行了初步的探讨，并得出政府不宜缺位的结论，但是该研究没有对政府行为进行深入的研究。衡虹和何丽峰（2013）对巴西制定数字电视标准的过程进行了研究，发现政府部门在其中充当了重要角色，并重点探讨了政府在制定和推广国家标准的过程中应该充当的角色。

与此同时，学者对国内技术标准联盟中政府的作用也进行过相应的探讨，并得出政府具有举足轻重的作用。谭劲松和林润辉（2006）在《TD-SCDMA与电信行业标准竞争的战略选择》一文中提到对于发展第三代移动通信的机会，政府、研究机构、电信企业达成共识形成了官产学研标准R&D联盟共同促进第三代移动通信发展。谭劲松和林润辉（2006）从理论上总结了，政府主要协调科研机构、高校、企业形成官产学研一体的标准R&D联盟，进行TD-SCDMA标准研发并且在该标准产业化的过程中发挥了不可替代的关键作用。

刘辉等（2013）进一步对政府行为进行探讨，根据政府不同的联盟标准化参与程度，将政府的标准化治理模式分为高介入型和低介入型，从管理型政府角色定位、服务型政府角色定位、产业政策、行业技术确定性、市场竞争性、产业地位、联盟对行业发展的影响七个方面因素对联盟标准化治理模式的影响进行了实证检验。李薇和李天赋（2013）讨论了政府在技术标准联盟中的介入方式，并分析其必要性及从中央政府和地方政府的介入剖析政府在技术标准联盟中的作用与行为方式。而生延超（2009）则从政府的直接介入方式之一的补贴方式及溢出效益对技术标准联盟的政府策略选择进行研究。

综观现有直接文献研究可以发现，现有关于技术标准联盟中政府行为的研究主要集中在以下三个方面：一是政府对技术标准联盟具有重要作用，从理论上论述的方法简单提到；二是考虑政府的介入与其对联盟标准化治理的影响和政府介入方式的研究以及具体分析政府在技术标准联盟中的作用及行为，研究内容比较宏观，对于应该采取哪种具体的介入方式进行比较分析没有过多的研究；三是少有人对政府策略选择进行研究，根据中国具体情况来看，政府对技术标准联盟应该采取何种方式有待进一步研究。

于是，本章在企业实行技术标准联盟战略的背景下，讨论政府介入企业技术标准联盟的行为。主要通过探索传统产业技术标准联盟的组织模式，并对作为关键参与者的政府行为进行研究，发现具有中国特色的技术标准联盟组织模式及政府行为。随后根据前文讨论的基础，建立政府干预技术标准联盟的博弈模型，提出政府主要从两阶段干预介入联盟。第一阶段是在联盟建立的前期，政府主要采取引导、组织、协调等行为干预技术标准联盟的建立。第二阶段是技术标准联盟建立之后，政府为了促进联盟创新新技术推出技术标准及推广技术标准的市场化，采取必要的手段介入联盟。其主要的研究框架如图4.1所示。

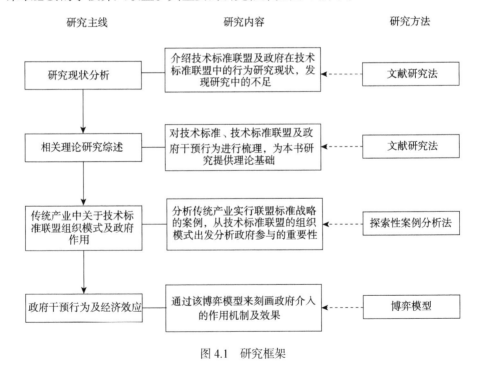

图 4.1 研究框架

4.3　技术标准联盟组织模式及政府作用的探索性多案例研究——以传统产业为例

4.3.1　问题的提出

技术标准联盟是企业技术标准化的重要组织形式。"十二五"规划中明确提到工业领域的技术创新作为未来几年的目标和重点任务之一，加强重点产业的技术创新工作，促进工业转型与升级。在网络经济及经济全球化的条件下，新技术更是以惊人的速度产生和发展。要想企业在技术创新战略条件下抓住时机使企业核心技术获得较高层次的主导权，有必要将企业技术转变为行业标准、国家标准及国际标准。然而，现如今仅仅依靠单个企业实现企业技术标准化已经越来越难，技术标准联盟作为技术创新及技术标准化的重要形式，越来越受到国内外企业的关注。上下游企业之间及横向企业之间更加需要密切协调以提升竞争力，创造最大效益，集中优势促进技术创新。于是，不同地区、行业、领域的企业产生了结盟的动机，以应对挑战，寻求更多市场机会和更好的发展。因此研究技术标准联盟的组建模式有其重要的意义。

传统产业依然是中国区域经济发展中的重要组成部分，关系到中国国际地位及经济的发展。传统产业主要包括电子行业、服装业、机械制造、光学等非IT和生物技术等高技术产业。由于传统产业处于产品链的底端，缺乏自主创新能力并且遭遇国际技术壁垒而付出沉重代价，现如今中国传统产业迫切需要技术创新和产业升级，进而提高国际竞争地位。中国传统产业起步最早、发展最集中、最典型的地方主要是东部沿海地区，包括长江、珠江三角洲地区及江苏浙江一带等。在面对复杂技术、巨额研发投入且承担实现技术标准化不确定的风险情况下，传统产业中由单个企业独自研发技术的情况越来越少，很多企业通过技术标准联盟的模式来制定技术标准，也出现了很多典型的案例。以广东珠三角地区在知识产权和标准化方面的丰富案例来研究传统产业技术标准联盟的组织模式，并进一步研究政府在传统产业中所起的具体作用机制可以为企业技术标准化和产业创新政策的制定与完善提供经验依据。

本节研究主要收集大量国内传统产业技术标准联盟的案例，采用多案例研究方法，以广东珠三角地区的产业集聚地为例，定性研究传统产业技术标准联盟的组织模式。作为中国传统产业发展领航地的广东珠三角地区，对其进行案例研究具有典型性。本节的结构如下：首先提出研究的问题；其次介绍案例研究方法；再次对案例研究进行设计与对所选取的案例进行分析；最后提出结论性的评价。

4.3.2 研究方法——探索性案例研究

凯瑟琳·艾森哈特认为案例研究是构建理论的有效方法。目前我们所使用的理论基础都是建立在国外的制度、文化和历史环境之下的,没有具有中国特色的管理理论。因此可以采用案例研究的方法对具有中国特色的现象进行分析探讨。从已有的案例研究方法来看本节主要从两个方面对案例研究方法进行比较。从案例数量的选择上可以分为单案例研究和多案例研究;从案例与理论相互推导及证明的方向可以将案例研究分为探索性案例研究和验证性案例研究。

对于案例研究方法一直是存在质疑的,其结论的可靠性和普遍性是质疑最多的,特别是采用单案例研究方法。多案例研究与单案例研究相比有多方面的优势。多案例研究实现了单案例研究之间的复制和拓展(Eisenhardt, 1989)。具体而言,复制是指多案例研究将单案例提出来相互印证、比较得到一个统一的结论,从而发现多案例之间的模式同时还减少因为随机性的关联得出的结论。拓展是指案例可以得出更加完善、准确、可靠的理论。因为把多个案例融合在一起可以重复观察一个普遍现象从而得出更完整的理论图画。

探索性案例研究的研究过程是首先对存在的真实现象的案例进行描述分析,其次从中发现并得出一般规律,最后推导出结论或命题的研究方法(欧阳桃花,2004)。而验证性案例研究是指从理论出发,通过解释或描述相关变量之间的关系进行研究,随后通过案例来验证以上研究结论的具体事实(苏敬勤等,2013)。也就是说探索性案例研究可以将案例转化成理论。虽然已有学者对技术标准联盟的组织模式进行探索,但主要集中在高新技术产业,并且都采用验证性案例研究方法概括其组织模式。对于具有中国特色的传统产业集聚地的技术标准联盟组织模式的相关理论基础研究仍存在空缺,因此本章采用探索性案例研究方法具有较强的适用性。

4.3.3 多案例研究设计

我们采用逻辑上可以复制的多重案例设计,选取九个来自广东传统产业标准联盟的典型案例,对传统产业技术标准联盟的组织模式及政府行为进行深入的研究,以便得到中国在新常态下传统产业技术不断创新发展的最优模式。根据Eisenhardt对案例研究的分析认为多案例研究设计在提炼理论和构建理论时相比单案例研究更有效(Eisenhardt, 1991; Eisenhardt and Graebner, 2007),并且多案例研究更加准确、可靠,更容易导向定量分析及增加我们对经验世界的理解(黄振辉,2010)。广东珠三角地区是最先开始改革开放的地方,当地企业的发展对在一定程度上带动全国企业的发展具有一定的引导力,并且该地区所涵盖的行业包括家电、纺织、家具等传统产业并以集群的形式存在。因此,对于拥有众多企业且涉及多数行业在全国具有一定的引领作用的地方，更适合选取案例对传统产业进行研究分析并构建相关理论。

本章主要使用探索性案例研究，在研究设计上主要遵循案例研究专家Robert K. Yin的方法论。Yin（1994）认为案例研究是指对某种真实现象开展考察和探索的一种经验式研究方法，通过描述案例、分析原因，从中发现或探求一般规律和特殊性，并推导出结论或命题的研究方法。为使案例研究方法更具有严谨性，从实证研究方法的严谨性可总结外部效度和内部效度维度来设计案例研究过程，其主要设计流程为"问题的提出—理论回顾—案例选择和资料搜集—跨案例分析—构建理论框架"（图4.2）。问题的提出、理论回顾、案例选择和资料搜集主要是从外部效度维度来测度严谨性，跨案例分析、构建理论框架主要是从内部效度维度来测度严谨性。

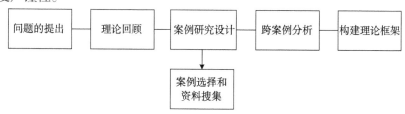

图 4.2　多案例研究设计

1. 案例选择

本节主要采用探索性案例研究，主要以资料整理、实际参与会议、讨论与访谈三种方式作为案例研究的基础。首先通过整理相关文本资料，发现案例中所存在的普遍性特点；其次通过参与会议的形式获得具有相同特点的结论；最后在会议结束后通过问答的形式访谈各个参与技术标准联盟的企业代表，从而得出企业在建立技术标准联盟过程中所表现出的普遍性特点。

在案例选择上主要依照以下几个原则标准进行：一是选取的案例在传统产业技术标准联盟中具有典型性和代表性；二是案例获得和来源可靠；三是关于技术标准联盟的案例具有实际的意义，对该产业的转型升级、技术创新能力提高及产品质量的提升等现实问题具有可操作性。我们选用九个广东珠三角地区的技术标准联盟案例来探讨联盟组织模式及政府行为。

（1）案例选择的典型性。选择广东珠三角地区的案例主要是因为该地区产业发展相较内陆地区更快速同时在发展中所暴露的问题更早，在探索解决方法的道路上先跨出一步。还有就是该地区是传统产业集聚地，企业数量庞大，涉及行业多方面，在全国具有一定的引领带头作用。

（2）案例来源的可靠性。本章通过参加广州举办的"2012年中国产业技术联盟标准论坛"得到由广东省质量技术监督局及广州市标准化协会出版的内部资料，该资料报告了广东实施联盟标准的情况。同时该论坛邀请政府代表和企业代表上台发表讲话进一步介绍了各个企业技术标准联盟的情况。最后通过问答的形式参加互动研讨，对具体问题做了针对性的提问。

（3）对案例进一步筛选。我们将对广东联盟标准的报告进行筛选，选择了九个进行技术标准联盟的产业。这几个案例都来自传统产业最先发展、发展最快速的珠三角地区。该案例属于不同类型的产业，产业规模有大有小，但都进行了标准联盟。通过对案例的比较寻找案例的相似之处构建其特殊的理论体系。我们主要对以广东省为代表的传统产业的联盟组织模式进行横向的比较研究来发现问题。

2. 案例概况

本章所选取的案例是广东珠三角地区传统产业集聚地中的九个标准联盟（参见表4.1）。由于本章采用探索性案例研究方法，需对案例进行详细的了解分析之后建立理论框架。在选择案例时依照上一小节所讨论的案例选择需具有典型性和可靠性。我们所选择的案例都是企业在出现问题之后通过建立技术标准联盟解决问题并取得了较好的成绩的。所选取的行业包括家具、家电、服装、造纸等多个行业，以便探讨不同行业在建立技术标准联盟时的相同属性。通过罗列传统产业集聚地存在的问题及建立技术标准联盟过程中的各个角色地位为后续研究技术标准联盟组织模式建立依据。

表 4.1　案例概况

联盟案例	所属行业	存在的问题	标准的发起人	标准的制定者	标准的运营管理机构	最终结果
A：大涌红木家具标准联盟	家具	1.个体户太多 2.无统一标准 3.企业多恶性竞争	政府	行业协会和企业	企业	提高产品质量；远销国内外
B：冷凝式家用燃气快速热水器标准联盟	家电	1.无行业标准 2.企业多恶性竞争	政府	企业	企业	提高产品质量；市场占有率连续居全国首位
C：顺德电压力锅标准联盟	家电	1.专利技术分散 2.恶性竞争 3.该技术处于启动期	政府	企业	企业	行业标准升级为国际标准；提高产品质量和市场占有率
D：虎门信息传输线缆标准联盟	电子线缆	1.创新能力不足 2.外部环境影响（金融危机） 3.企业数量众多	政府	企业	企业	提高产品质量；技术标准达到国际先进水平；提高市场占有率
E：沙湾镇《工业洗水机》标准联盟	机械	1.无行业标准 2.恶性竞争 3.市场竞争激烈	政府	行业协会和企业	行业协会和企业	提高产品质量；提高市场占有率；远销国内外

续表

联盟案例	所属行业	存在的问题	标准的发起人	标准的制定者	标准的运营管理机构	最终结果
F：小榄锁具标准联盟	锁具	1.企业数众多 2.国家标准落后于发达国家标准 3.产品档次低	商会行业协会	行业协会和企业	企业	提高产品水平和档次；技术标准达到国际标准水平
G：《盐步内衣》标准联盟	服装	1.管理和品牌经营落后 2.产品同质化严重 3.企业质量水平参差不齐 4.市场无序竞争	政府	政府、行业协会和企业	企业	在建立联盟标准的同时"抱团升级"共同打造品牌市场
H：深圳LED标准联盟	LED	1.无行业标准 2.企业众多	企业	企业和研究院	企业和政府	有效整合了技术力量；提高技术创新水平
I：东莞中堂造纸行业取水定额标准联盟	造纸	1.用水量大，浪费太多 2.排放污染严重	政府	政府和行业协会	企业	用水量和污水排量减少

4.3.4　多案例研究分析

1. 技术标准联盟的组织模式

本小节根据对案例的调研和前文的相关理论基础主要从技术标准联盟形成因素及技术标准联盟的组织过程两个方面来探索技术标准联盟的组织模式。技术标准联盟的形成是一个连续的过程，按照前期、中期、后期的时间序列完成联盟的建立并形成其特有的组织模式。前期阶段主要是在内部和外部环境作用下导致技术标准联盟形式的萌芽；中期阶段主要是企业、政府等相关角色参与到技术标准联盟中，是一个动态的过程；后期阶段主要是企业或政府在技术标准联盟中的运作过程，最后形成一个固定的组织模式。在整个组织模式建立的过程中，企业和政府两个角色具有重要的作用，分别通过联盟内部作用和外部作用参与到组织建立的过程。总的来说，把技术标准联盟形成的前期、中期、后期阶段概括成两个部分，即技术标准联盟的形成因素和技术标准联盟的组织过程。在下文中探索两者的纵向内容并归纳其标准联盟模式的普遍特点。

1）技术标准联盟形成因素

前期阶段是技术标准联盟形成的萌芽阶段也是企业内部问题和外部问题经过长期积累之后所普遍显现的阶段，因此这一阶段本小节主要分析技术标准联盟的形成原因。由于案例选择为广东珠三角地区的传统产业，在全国各地的传统产业集群中都具有典型代表意义，通过分析这一地区的技术标准联盟产生的原因进一步探索政府介入技术标准联盟的必要性。通过分析总结，企业在技术创新过程中存在的主要问题源自企业外部环境因素及企业自身内部问题。

（1）外部环境因素。

根据收集到的九个案例来看，其主要产生技术标准联盟的原因是企业众多、形成恶性竞争及行业无统一技术标准（表4.2）。第一，企业众多、形成恶性竞争这一问题在案例A～案例H中都有体现。广东珠三角地区拥有产业集群特征的专业镇，其相同行业的企业在经济利益的驱动下不断增加导致企业数量增多。在这种情况下，企业产品同质化严重并开始互斗便宜，低价竞销，产品粗制滥造形成恶性竞争，阻碍了企业技术的创新发展。当然这一现象也反映了技术标准联盟的产生不仅是为了提高行业竞争力及国际竞争力，还可以解决企业之间的恶性竞争，通过联盟合作的方式达到共赢的结果。第二，经过案例收集和分析，多数产业集群甚至整个行业尚无统一的技术标准，这一问题在案例A、B、C、D、E、H、I中都有表现。在没有技术标准的产业集群中一方面企业之间相互模仿产品同质化严重；另一方面企业产品质量水平较低无法打开国内市场。因此从以上案例可以看出，通过建立技术标准联盟设立企业共同的技术标准来约束企业经营服务行为提升企业的技术能力和水平，在产业集群集聚的广东珠三角地区建立技术标准是将技术成果产业化的有效手段。

表 4.2　技术标准联盟形成的外部环境因素

外部环境因素	案例
企业众多、形成恶性竞争	A、B、C、D、E、F、G、H
行业无统一技术标准	A、B、C、D、E、H、I

（2）自身内部问题。

由案例可知，广东珠三角地区企业普遍规模较小、基础较差，许多企业都是农民创办的，人员素质偏低，并且该地区大部分的企业都是通过政府扶持补贴创办的，其技术水平和技术含量都不高。以上九个案例中企业在建立技术标准联盟前所面临的主要问题就是技术创新能力不足，由于同一行业地理位置相对较近，对竞争对手的情况掌握较清楚，在这种情况下技术溢出较严重也就导致产品同质化严重，如顺德电压力锅市场众多小型企业通过技术抄袭、模仿和品牌假冒等行为进而低价竞销形成恶性竞争。并且这些关键技术都掌握在不同的企业手中，为更多地占领市场，各个企业担心其他企业恶意剽窃技术，相互之间存在敌对关系，因此企业进行独立研究却因为自身技术水平较低导致技术创新能力不够，从而影响整个地区经济的发展。

而关于企业内部因素的另外一个主要问题是企业经营问题。这九个技术标准联盟中的企业都是民营企业，并且如前所述其基础条件普遍较差，在恶劣的竞争状况下并没有较强的市场推广能力，最主要的方式是通过价格战的形式来占领市场，但却以微利来支撑企业的运转。通过价格战的方式往往只有降低成本、技术推动等内部动力来打压竞争对手从而占领市场份额。但对于案例中的中小企业，其本身技术创新能力较弱更不能以新技术来推广产品市场，也只有通过降低成本来解决这个困局，从而使产品质量合格率偏低、质量得不到保障，影响产业发展。

　　总之，通过案例研究分析企业内部因素和企业外部环境，可以看出企业在建立技术标准联盟的前期阶段已经陷入恶性循环之中。企业由于自身技术创新能力低及通过价格战的方式占领市场导致企业之间形成恶性竞争，但又因为外部环境形势恶劣企业又无法寻求到有效的方式改变这种现状，最后企业技术创新能力得不到有效的提高只能加剧企业内外部问题的恶化。也就是各个企业只看到短期的经济效益而放弃了可以长期保持竞争优势的技术创新，该演变过程如图4.3所示。从案例中可知要解决以上问题就必须解决企业技术创新能力较低的问题，从以上九个案例中可以明显了解到，企业基于产业集聚优势通过建立技术标准联盟的方式推行联合技术创新建立技术标准解决企业与企业之间的问题并同时提高产品质量。因此为了研究技术标准联盟的组织模式在探索分析技术标准联盟组建原因之后有必要研究技术标准联盟的组织过程，发现传统产业集聚地具体是如何建立技术标准联盟来解决以上问题的。

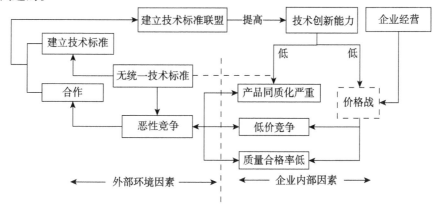

图 4.3　技术标准联盟促成因素与相互作用

2）技术标准联盟的组织过程

　　技术标准联盟是两个及两个以上的企业为了实现共同的战略目标而一起合作，然而经过以上讨论可知在未建立技术标准联盟前以传统产业为主的广东珠三角地区由于企业之间恶性竞争严重矛盾产生不断，这些企业很难达成合作共识。通过讨论分析九个技术标准联盟案例在技术标准联盟的组建过程，进而发现其特性。

　　案例A大涌红木家具标准联盟是由政府发起的。在中山市质量技术监督局和大涌镇政府研究该镇红木家具市场面临的困境之后认为要使大涌红木家具产业走上健康的发展轨道其关键是建立标准。于是在镇政府的领导下开始建立技术标准联盟并交由镇商会研制产品标准。镇商会一般由企业代表构成所以标准的制定者是企业。最后在制定好统一的技术标准之后联盟成员采用该联盟标准提高产品质量。

案例B冷凝式家用燃气快速热水器标准联盟是由政府发起的。在顺德质量技术监督局的作用下通过建立技术标准联盟的形式化解了广东万和新电气股份有限公司和广东万家乐燃气具有限公司长期以来的矛盾。案例B中主要是将"两万"研究的冷凝式燃气热水器新技术转变成产业标准从而实现科技成果的转化。在两个企业建立联盟之后，双方达成共识确定了联盟标准并确保产品质量及高水平的技术。

案例C顺德电压力锅标准联盟是由政府发起的。在政府部门的牵头下，美的、创迪、爱德、怡达四家公司建立顺德电压力锅专利联盟。以专利池的形式汇集联盟成员的专利技术并统一技术规范和要求。最后由联盟企业制度并发布顺德电压力锅联盟标准。

案例D虎门信息传输线缆标准联盟是由政府发起的。在东莞市质量技术监督局的推动下，联升、万泰、金泰、美林、精铁等多家机械企业联合建立东莞市虎门信息传输线缆标准联盟。该联盟企业后面研究颁布《硅橡胶绝缘单芯无护套电线》等15项联盟标准并均超过美国UL（Underwrites Laboratories，即保险商实验室）有关信息传输线缆产品质量技术水平。

案例E沙湾镇《工业洗水机》标准联盟是由政府发起。2007年广东省质量技术监督局决定开展标准化示范试点，镇商会组织七家骨干企业成立洗染机械标准联盟。该标准联盟通过核心和共性技术开发制定联盟标准。

案例F小榄锁具标准联盟是由商会和行业协会发起的。在小榄镇商会和小榄锁业协会的牵头带领下中山市华峰制锁有限公司、中山市铁神锁业有限公司等十几家企业联合发布制定三项锁具产品的高端联盟标准。

案例G《盐步内衣》标准联盟是由政府发起的。在南海区质量技术监督局和大沥镇政府的组织下盐步的七家内衣生产骨干企业成立了盐步内衣标准联盟并推行联盟标准。

案例H深圳LED产业标准联盟是由企业发起的。2009年由42家企业发起深圳市LED产业标准联盟成立。由于技术力量得到有效整合该联盟出台15项LED联盟标准。

案例I东莞中堂造纸行业取水定额联盟标准是由政府发起的。在东莞市质量技术监督局联合中堂镇政府、造纸协会组织中堂镇七家成立联盟。并由该联盟发布"中堂镇造纸行业取水定额联盟标准"。

上述九个案例中有七个案例的标准联盟是由政府主导形成的，其主要的组织模式为"政府+行业协会或商会+企业"。传统产业集聚地的技术标准联盟的组建过程主要概况为：政府通过召集、组织、协调相关技术企业及生产企业进行协商建立联盟和制定、推广技术标准，对联盟标准的建立起着决定性的作用；随后在商会或行业协会的监督推动下，联盟企业制定行业标准；最后联盟企业参与技术标准的市场推广，但政府为推进新技术新标准的普及和推广会监督检查联盟成员采用新技术标准的产品进入市场，并且政府会制定相关指导政策及提供一定的资助资金争取实现行业标准向国家标准甚至国际标准转化。这种组织模式在国外并不常见，但由案例所在的区域可知，传统产业集聚地的技术标准联盟战略以政府主导模式为主。

　　其中另外两个案例F小榄锁具标准联盟和案例H深圳LED产业标准联盟分别由商会、行业协会和企业发起。案例F其主要面临的问题是行业标准与发达国家相比有较大差距，国际竞争地位较弱，并制约锁具市场的发展。为解决这一问题由商会和行业协会发起制定更高端的技术标准。而案例H所属的行业乃广东省重点发展的战略新兴产业，其活力相比传统产业要强，联盟标准的发起交由企业。虽然直观上看这两个案例并没有由政府发起，但是其技术标准联盟的建立具有政府的支持，政府在背后组织协调以提高标准水平推进新兴产业的发展。

　　标准的发起、标准的制定、标准的推广贯穿技术标准的生命过程。其每一步都有一个实施主体在其中扮演着重要角色。正如表4.3所示，政府、行业协会或商会、企业在技术标准联盟组建过程中的不同阶段具有不同程度的作用。此处，我们重点评论一下政府所承担的角色和发挥的功能。总体上看，政府是联盟成立的实质性推动者、协调人和组织者，可以说，没有政府的促成，技术标准联盟是很难依靠企业自发形成或者靠其他机构来督促成立的。在具体功能方面，本节所选案例表明，政府承担的职能包括组织联盟形成；协调标准确立过程中的专利谈判；通过制定扶持政策来协助技术标准的市场推广等。在扶持政策方面，除了本节各案例中体现出的市场宣传、强制推行（颁发生产许可证或质量认证标志）等措施之外，还有学者提出了提供研发补贴、实施政府采购等政府扶持措施。例如，生延超（2009）提到创新投入补贴和创新产品补贴两种政府的介入方式；毕勋磊（2011）提到政府通过政府采购的形式支持本国的技术标准战略。所以说由前面的分析可以知道政府在干预技术标准联盟的时候主要有两种形式的介入方式，一种是停留在联盟外部的引导及牵线搭桥作用，另一种是具体参与到联盟内部活动中去以补贴或采购等方式进行，通过政府介入手段影响联盟的技术标准化。

表 4.3　联盟实施主体对技术标准联盟组织过程的不同影响程度

联盟主体的类型	标准发起	标准的制定	标准推广
政府	+++	+	++
行业协会或商会	+	++	+
企业	+	+++	+++

注：+为较弱的正面影响；++为适中的正面影响；+++为较强的正面影响

2. 政府介入技术标准联盟的必要性

根据前面的结论可以知道政府在传统产业技术标准联盟过程中起到不可忽视的重要作用。一般认为政府介入技术标准联盟的原因是在技术标准联盟建立过程中存在市场失灵。市场失灵是指市场机制不能有效地配置资源和通过市场利益驱动市场主体自由竞争从而调动企业的积极性和创造性。因此需要政府介入促进技术标准联盟的建立来改善市场绩效。本小节通过分析政府为什么会介入联盟的建立，发现其参与的必要性，为后续探讨政府介入方式的经济效益奠定基础。本小节主要从企业层面和技术创新的特性两个角度出发进行分析政府介入的必要性。

1）企业层面

从传统产业集聚地建立的九个标准联盟案例来看，根据前面的讨论可知在未建立技术标准联盟之前企业之间存在恶性竞争，市场机制已经无法调动企业良性健康的竞争。在这种条件下，企业并没有自发地建立技术标准联盟来改变自身的现状，而是使企业经济效益越变越差而无能为力。政府介入技术标准联盟的原因主要包括以下几点。

一是企业之间相互不信任。因为企业加入联盟之后需将自己的关键技术交到联盟组织中进行技术标准的研究，但又因为技术抄袭、仿冒等行为已经造成企业之间的恶性竞争，所以企业担心其他加入联盟的企业获取自己的关键技术，对联盟缺乏信心。虽然企业明白单靠任何一家企业改变行业现状是不够的，但是却没有企业站出来引导组建标准联盟。有学者认为成员之间的相互信任是组建技术标准联盟成功的必要条件（David，1985）。因此政府在技术标准联盟的建立过程中起着牵线搭桥的作用，可以让企业走到谈判桌上而不是死守自己的技术独自生产。一方面案例中的企业都属于中小型企业，另一方面企业面临困局需要解决，就导致这些企业对政府有一定的依赖性，政府出面也给企业提供了一层保障。

二是传统产业集聚地各个产业缺少龙头企业。有关学者认为企业主导型技术标准联盟大多是由行业内的龙头企业发起的。在行业内的龙头企业发起下，各个企业为提高自己的技术创新水平并抓住机会与龙头企业一起研究新技术建立技术标准，对联盟企业具有较大的吸引力。因此对于传统产业集聚地的中小企业来说自发地组织成联盟的案例还较少。政府可以介入标准联盟的建立，组织几个技术水平和产业规模相差不多的企业组建联盟来发布技术标准，并通过监督、采购及补贴等形式带动联盟标准的市场化。

2）技术创新的特性

有关学者认为技术创新具有公共产品性、技术溢出效应及不确定性。从技术创新的公共产品性看，新技术的产生不可能完全由创新企业封锁起来，企业的竞争对手可能会无偿或者以低价获得这些技术而让技术创新的企业承担整个成本和风险，这很容易引起市场失灵。正如案例中所提到的，企业为追逐经济利益抄袭其他创新企业的技术。并且技术创新的技术溢出效应也影响企业的经济成本，对于获得溢出的企业可以减少其创新成本，但是却可能会抑制创新企业的积极性。由于技术创新的不确定性容易动摇企业参与到联盟中的信心。因此，根据以上问题，有必要建立技术标准联盟联合企业共同进行技术创新建立联盟标准。政府需要最大化社会效益进而对产业发展中的问题及对行业发展起抑制作用的现象提出具有针对性的解决方法，引导企业参与最后促进产业的升级和转型。所以根据技术创新的特点我们可知，为协调个人利益和社会利益，政府有必要介入进标准联盟的建立。

4.3.5　结论性评述

本章通过对广东珠三角地区的传统产业的案例进行探索性研究，识别具有中国特色的技术标准联盟组织模式，分析其内部因素与外部因素作用下政府和企业的选择。

本章分析技术标准联盟的组织模式是为了探讨在技术标准联盟下政府和企业两个关键角色在组建过程中所扮演的角色。通过对技术标准联盟形成因素的案例分析可以清楚地了解到传统产业在技术标准联盟建立前期阶段企业的内部因素和外部环境因素。从企业的内部因素可知，企业为了提高竞争力通过降低价格的形式参与市场竞争而企业的技术创新能力又较低，为了占领市场导致一系列恶性竞争的出现。从企业的外部环境因素可知，企业竞争环境恶劣又无统一的行业标准作为支撑使市场更加混乱。本章又通过探讨技术标准联盟的组建过程进一步探讨在面对以上恶劣的市场竞争环境时政府和企业所扮演的角色。经过案例分析，其组织模式是"政府+商会或行业协会+企业"的形式，从案例中可以知道政府主要起着引导、组织、协调的作用，是技术标准联盟能够组建的关键。

本章分析了政府介入技术标准联盟的必要性，解释了为什么在技术标准联盟中政府扮演着重要的角色。从企业层面和企业的技术创新角度来探讨政府介入的必要性。从企业层面的分析主要是根据案例的具体情况总结论述，而对于技术创新的特性则通过理论探讨政府介入的必要性。采用案例和理论探讨相结合的方式分析政府的重要作用。

总之，本章主要从探讨传统产业技术标准联盟的组织模式发现政府在技术标准联盟中扮演着重要角色及分析政府介入技术标准联盟的必要性了解其对联盟标准的建立所起到的重要作用。

4.4 政府干预行为及其效应研究——博弈模型

4.4.1 问题的提出

中国传统产业建立技术标准联盟逐渐出现一些经典的案例，如在广东珠三角地区形成的制造业集聚地所建立的大涌红木家具标准联盟、冷凝式家用燃气快速热水器标准联盟等。由于传统产业恶性竞争和企业机会主义行为的存在造成企业之间的不信任从而增加技术创新的风险，以及在技术标准联盟建立过程中行业协会功能上的缺失从而影响技术标准联盟的创新效果。正如研究分析（李薇和李天赋，2013），在技术标准化战略实施过程中，中国行业协会存在功能缺失，企业又缺乏组建技术标准联盟的积极性和推动力，仅依靠市场力量很难实现技术标准联盟的形成与运行，为了保证技术标准联盟广泛组建并发挥效用需要政府适当介入。因此，政府介入技术标准联盟的目的是确保技术标准成功建立及市场扩散。

4.4.2 政府干预方式的相关研究

在国外，政府干预技术标准联盟的方式比较少见，其大部分建立技术标准联盟的案例都是由行业内龙头企业发起，基本由政府主导的组织模式逐渐消失，然而中国这种形式还较普遍，有来自国家层面的行政干预，也有来自地区层面的行政干预，特别是前面讨论的具有区域性质的传统产业是在政府干预下完成技术标准联盟的建立的。中国所处经济转型时期特殊的制度环境决定企业尚未完全脱离传统计划体制下的经营模式，国有大中型企业缺乏竞争意识和技术创新驱动力，民营中小企业具有企业家精神却往往面临资源瓶颈，于是还需要政府发挥一定的组织和协调功能。

政府介入技术标准联盟的行为包括两个部分，第一部分是在技术标准联盟建立之前，为解决市场失灵造成的无序竞争，并且企业又缺乏自发建立技术标准联盟进行合作创新的驱动力，所以政府机构开始牵头、引导、召集或组织企业开展标准联盟战略积极发挥自身的组织协调作用。在这一部分政府主要是干预企业合作。第二部分主要是企业参与标准联盟之后，联盟成员通过合作创新提出技术联盟标准，政府为了推广该标准并扩大其对市场的影响力会选择不同的介入方式推动产业标准化。这一部分政府主要采取具体的介入方式影响标准的市场化。

第3章所选案例表明，政府承担的职能包括组织联盟形成；协调标准确立过程中的专利谈判；通过制定扶持政策来协助技术标准的市场推广等。在扶持政策方面，本节各案例中体现出的市场宣传、强制推行（颁发生产许可证或质量认证标志）等措施。但是根据其他政府干预行为的相关文献我们得知，还有其他行为政府可以采用或加强，政府可以给予一定的补贴促使企业积极参与技术联盟并保证技术联盟的顺利进行（Lambe and Spekman，1997），如政府采用研发补贴和生产补贴等方式来间接介入技术标准的推广。相关文献如下所述。

目前部分学者对技术标准的政府介入方式进行了研究，毕勋磊（2011）总结了政府干预技术标准竞争的方式主要有政府通过直接投资和政府采购以及设立其他机构及政策调节。关于技术标准确立与扩散的因素分析，吴文华和张琰飞（2006）所提出的两点主要因素是标准的技术本身和该技术的安装基础。根据这些研究对政府从技术创新和技术标准的推广角度研究介入方式提供很强的指导意义。但现有关于政府介入方式的研究主要集中在创新绩效的研究，如生延超（2009）对比分析创新投入补贴和创新产品补贴哪种更有效，研究表明在政府介入技术联盟创新系统的情况下，创新产品补贴方式比创新投入补贴方式更有效。范波等（2010）构建了一个具有投资溢出与技术风险的合作研发博弈模型，分析政府不同补贴政策对企业研发生产策略的影响。

考虑到目前政府参与技术标准联盟的目的是确保技术标准的成功建立及其市场推广，因此在以上研究的基础上提升政府干预对技术标准的确立所发挥的积极影响，本节决定一方面承袭上一节案例分析的结果，另一方面对政府行为进行补充，重点比较四种有代表性的政府干预行为，分别为政府完全不干预且企业不联盟、政府只牵头促成企业技术标准联盟、政府对技术标准的研发实行研发补贴、政府对技术标准的产业化实行生产补贴。这些政府干预行为是政府通常采用的。本节关注政府介入方式对技术标准的市场推广的影响，试图展开针对政府是否干预企业联盟标准的建立及不同政府介入方式对技术联盟标准的有效建立及推广的比较研究。

4.4.3　模型的假设

1.基本参数

本章假设某个行业由企业1和企业2两家寡头企业构成，两家企业研发和生产同质产品并形成竞争关系。假设市场需求函数为简单的线性关系：$P = a - bQ$。其中，P为产品的价格；a为需求规模，并假设$b = 1$；Q为整个行业生产的总产量，$Q = q_1 + q_2$，q_1和q_2分别为企业1、企业2生产的产品产量。一般来说企业技术创新能降低企业的生产成本，假设企业的固定生产成本为A，则两个企业的生产成本分别为$C_1 = (A - x_1 - kx_2)q_1$、$C_2 = (A - x_2 - kx_1)q_2$，并且$0 < A < a$，否则企业的产品价格小于生产成本。其中$x_1$和$x_2$表示技术创新投入。系数$k$是指生产同一产品的企业2向企业1泄漏或分享的系数，也称技术溢出系数（$0 \leqslant k \leqslant 1$）。当$k = 0$时表示无法获得竞争企业的关键技术，只有通过自身的技术创新来降低生产成本；当$k = 1$时表示完全获得竞争企业的关键技术并降低了企业的生产成本。这一假设符合现实情况，因为两个企业通过合作建立技术标准联盟必然会分享企业

所拥有的关键技术,同技术溢出的表现形式相同。虽然技术创新能降低生产成本,但是在研发新技术的时候必然产生研发成本,本节假设两个企业的研发成本分别为 rx_1^2、rx_2^2,r 表示企业所独有的技术或知识的使用或者产出效率($r > 0$)。r 越小表示研发效率越高,r 越大表示研发效率越低。

2. 主要假设

首先,关于政府介入方式的假设,本节主要考虑以下四种行为:一是政府完全不干预且企业不联盟;二是政府只牵头促成企业技术标准联盟;三是政府对技术标准的研发实行研发补贴;四是政府对技术标准的产业化实行生产补贴。在现实情况中,政府的介入行为不止这四种,但是本节只对这几种情况进行讨论。本节中考虑的政府干预行为其目的是实现标准化战略进而提高企业技术水平及推广标准并产业化。企业之间的无序竞争和技术创新的特性使政府介入企业参与技术标准联盟。并且技术标准联盟能促进技术创新、降低企业生产成本、节约企业的创新资源同时还可以改善企业竞争环境并将以技术标准的形式推广新技术获得竞争优势。但是对于政府行为的有效性还很少有学者进行讨论。虽然政府看到了竞争市场的问题并且希望介入调节企业的现状,但是对于政府介入企业参与技术标准联盟与企业不合作所产生的标准的市场化的比较还尚无讨论比较,这里所讨论的是那些非企业主导的技术标准联盟。还有一层就是讨论在建立技术标准联盟之后,哪一种介入方式更有利于技术标准的推广应用。

其次,本章的研究建立在技术标准联盟建立的技术标准被强制执行,政府规定参与联盟的企业必须都使用该技术标准,否则就退出联盟,在这里政府有其强制性。例如,前面的案例中所提到的深圳LED联盟标准,在该标准出台后政府对执行该标准的产品实行能耗认证,对不使用该技术标准的企业则没有能耗认证,这就促使企业使用该技术标准。所以本节讨论比较的时候不对企业经济效益进行比较,因为在联盟建立初期,不管是盈利还是亏损,政府都要强制联盟成员使用该技术标准。

最后,本章模型的构建主要借鉴D'Aspremont和Jacquemin(1988)的思路,并且模型的建立过程主要从四个阶段来讨论政府介入方式的效益研究。第一阶段,政府不干预企业建立联盟与政府只牵头行为的比较分析;第二阶段,政府只牵头企业建立联盟与政府进行研发补贴行为的比较分析;第三阶段,政府只牵头企业建立联盟与政府进行生产补贴行为的比较分析;第四阶段,政府进行研发补贴与进行生产补贴的比较分析。

4.4.4　模型的构建与分析

1. 政府行为一:完全不干预且企业不联盟

政府完全不干预技术标准联盟且企业不联盟是指在政府不干预的情况下企业

不建立联盟，企业独立进行研发及生产，两家寡头企业互不干扰。所以在利润函数中企业技术创新的影响效益没有受到其他企业的影响。那么两个企业的利润函数分别为

$$\pi_1 = \left[a - (q_1 + q_2) - (A - x_1) \right] \times q_1 - rx_1^2 \tag{4.1}$$

$$\pi_2 = \left[a - (q_1 + q_2) - (A - x_2) \right] \times q_2 - rx_2^2 \tag{4.2}$$

通过利用古诺竞争选择企业最优的产出过程，获得企业独立研发生产所得的最优的产量。首先对式（4.1）和式（4.2）分别求 q_1、q_2 的导数，求利润最大时的产量，令 $\dfrac{\partial \pi_1}{\partial q_1} = 0$，$\dfrac{\partial \pi_2}{\partial q_2} = 0$，整理可得

$$q_1^* = \frac{1}{3}(a - A + 2x_1 - x_2) \tag{4.3}$$

$$q_2^* = \frac{1}{3}(a - A + 2x_2 - x_1) \tag{4.4}$$

把 q_1^* 和 q_2^* 分别代入式（4.1）、式（4.2）中获得最大化的企业利润，又因为企业追求利润最大化，整理可得

$$\frac{\partial \pi_1}{\partial x_1} = \frac{4}{9}(a - A + 2x_1 - x_2) - 2rx_1 = 0 \tag{4.5}$$

$$\frac{\partial \pi_2}{\partial x_2} = \frac{4}{9}(a - A + 2x_2 - x_1) - 2rx_2 = 0 \tag{4.6}$$

根据式（4.5）和式（4.6）可以获得

$$x_1^* = x_2^* = \frac{2}{9r - 2}(a - A) \tag{4.7}$$

将式（4.7）代入式（4.3）和式（4.4）可以求得企业1和企业2在不联盟的情况下所生产的产品产量为

$$Q_1 = q_1^* + q_2^* = \frac{6}{9r - 2}(a - A) \tag{4.8}$$

2. 政府行为二：只牵头促成企业技术标准联盟

政府只牵头促成企业技术标准联盟是指政府在技术标准联盟的前期阶段只进行牵头、引导、组织和协调的行为，不参与技术标准联盟的建立过程。政府通过行政干预或者引导协调企业加入技术标准联盟，在这一过程中企业参与联盟与不参与联盟最直观的区别在于企业加入联盟之后会分享企业所持有的关键技术。企业参与联盟是为了制定行业标准或者国家标准等，企业在联盟的过程中只参与技术标准的制定而不和联盟企业一起生产新产品，所以企业加入技术标准联盟后在生产和研发阶段的利润函数是不一样的：

$$\pi_1 = \left[(a - Q) - (A - x_1 - kx_2) \right] \times q_1 - rx_1^2 \tag{4.9}$$

$$\pi_2 = \Big[(a-Q)-(A-x_2-kx_1)\Big] \times q_2 - rx_2^2 \qquad (4.10)$$

$$\hat{\pi} = \pi_1^{**} + \pi_2^{**} \qquad (4.11)$$

求企业利润最大时的产量 q_1 和 q_2 的偏导，是指企业为遵守技术标准而生产产品时主要是追求各自企业的最大利润：

$$\frac{\partial \pi_1}{\partial q_1} = a - 2q_1 - q_2 - A + x_1 + kx_2 = 0 \qquad (4.12)$$

$$\frac{\partial \pi_2}{\partial q_2} = a - 2q_2 - q_1 - A + x_2 + kx_1 = 0 \qquad (4.13)$$

由式（4.12）、式（4.13）可得产量 q_1^{**} 和 q_2^{**}：

$$q_1^{**} = \frac{1}{3}\Big[a - A + (2-k) \times x_1 + (2k-1) \times x_2\Big] \qquad (4.14)$$

$$q_2^{**} = \frac{1}{3}\Big[a - A + (2-k) \times x_2 + (2k-1) \times x_1\Big] \qquad (4.15)$$

将式（4.14）和式（4.15）分别代入式（4.9）、式（4.10）中：

$$\pi_1^{**} = \frac{1}{9}\Big[(a-A) + (2-k) \times x_1 + (2k-1) \times x_2\Big]^2 - rx_1^2 \qquad (4.16)$$

$$\pi_2^{**} = \frac{1}{9}\Big[(a-A) + (2-k) \times x_2 + (2k-1) \times x_1\Big]^2 - rx_2^2 \qquad (4.17)$$

由式（4.16）和式（4.17）可以得到企业共同研发时所获得的利润：

$$\hat{\pi} = \sum_{i=1}^{2}\left\{\frac{1}{9}\Big[(a-A) + (2-k) \times x_i + (2k-1) \times x_j\Big]^2 - rx_i^2\right\} \qquad (4.18)$$

假设 $x_1 = x_2 = \hat{x}$，可求得企业参与研发时在利润最大化原则下的最优研发投入和产量为

$$\hat{x} = \frac{(k+1)(a-A)}{9r - (k+1)^2} \qquad (4.19)$$

$$Q_2 = \frac{6r}{9r - (k+1)^2}(a-A) \qquad (4.20)$$

3. 政府行为三：对技术标准的研发实行研发补贴

政府采用研发补贴的方式介入技术标准联盟，研发补贴是指政府直接给参与新技术研发的联盟提供资金支持，鼓励企业参与新技术的创新。研发补贴 s 主要是对联盟企业的技术创新投入按照一定的比率进行补贴（ $0 \leqslant s \leqslant 1$ ）。政府提供研发补贴是建立在企业组建技术标准联盟的基础之上的，当然企业的研发和生产是分开的，主要通过共同研究、独立生产的方式进行。那么这两个寡头企业的利润函数分别是（生延超，2009）

$$\pi_1 = \left[(a-Q)-(A-x_1-kx_2)\right] \times q_1 - rx_1^2 + sx_1 \qquad (4.21)$$

$$\pi_2 = \left[(a-Q)-(A-x_2-kx_1)\right] \times q_2 - rx_2^2 + sx_2 \qquad (4.22)$$

$$\tilde{\pi} = \pi_1^{***} + \pi_2^{***} \qquad (4.23)$$

求企业利润最大时的产量 q_1 和 q_2 的偏导，是指企业为遵守技术标准而生产产品时主要是追求各自企业的最大利润：

$$\frac{\partial \pi_1}{\partial q_1} = a - 2q_1 - q_2 - A + x_1 + kx_2 = 0 \qquad (4.24)$$

$$\frac{\partial \pi_2}{\partial q_2} = a - 2q_2 - q_1 - A + x_2 + kx_1 = 0 \qquad (4.25)$$

由式（4.24）、式（4.25）可得产量 q_1^{***} 和 q_2^{***}：

$$q_1^{***} = \frac{1}{3}\left[a - A + (2-k) \times x_1 + (2k-1) \times x_2\right] \qquad (4.26)$$

$$q_2^{***} = \frac{1}{3}\left[a - A + (2-k) \times x_2 + (2k-1) \times x_1\right] \qquad (4.27)$$

将式（4.26）和式（4.27）分别代入式（4.21）、式（4.22）中：

$$\pi_1^{***} = \frac{1}{9}\left[(a-A) + (2-k) \times x_1 + (2k-1) \times x_2\right] - rx_1^2 + sx_1 \qquad (4.28)$$

$$\pi_2^{***} = \frac{1}{9}\left[(a-A) + (2-k) \times x_2 + (2k-1) \times x_1\right] - rx_2^2 + sx_2 \qquad (4.29)$$

由式（4.28）和式（4.29）可以得到企业共同研发时所获得的利润：

$$\tilde{\pi} = \sum_{i=1}^{2} \left\{ \frac{1}{9}\left[(a-A) + (2-k) \times x_i + (2k-1) \times x_j\right]^2 - rx_i^2 + sx_i \right\}, \quad i \neq j \quad (4.30)$$

假设 $x_1 = x_2 = \tilde{x}$，并求得企业参与研发时在利润最大化原则下的最优研发投入和产量为

$$\tilde{x} = \frac{4.5s + (k+1)(a-A)}{9r - (k+1)^2} \qquad (4.31)$$

$$Q_3 = \frac{2}{3} \times \frac{9r \times (a-A) + 4.5s(k+1)}{9r - (k+1)^2} \qquad (4.32)$$

4. 政府行为四：对技术标准的产业化实行生产补贴

政府采用生产补贴的方式介入技术标准联盟，生产补贴是指政府在企业生产产品的时候每生产一件采用了联盟标准的产品就给予一定的补贴，鼓励企业推广技术标准。生产补贴 m 主要是指企业每生产一件产品获得一定补贴。政府提供生产补贴是建立在企业组建技术标准联盟的基础之上的，当然企业的研发和生产是分开的，主要通过共同研究、独立生产的方式进行。那么这两家寡头企业的利润

函数是

$$\pi_1 = \left[(a-Q) - (A-m-x_1-kx_2) \right] \times q_1 - rx_1^2 \qquad (4.33)$$

$$\pi_2 = \left[(a-Q) - (A-m-x_2-kx_1) \right] \times q_2 - rx_2^2 \qquad (4.34)$$

$$\hat{\pi} = \pi_1^{****} + \pi_2^{****} \qquad (4.35)$$

求企业利润最大时的产量 q_1 和 q_2 的偏导，是指企业为遵守技术标准而生产产品时主要是追求各自企业的最大利润：

$$\frac{\partial \pi_1}{\partial q_1} = a - 2q_1 - q_2 - A + m + x_1 + kx_2 = 0 \qquad (4.36)$$

$$\frac{\partial \pi_2}{\partial q_2} = a - 2q_2 - q_1 - A + m + x_2 + kx_1 = 0 \qquad (4.37)$$

由式（4.36）、式（4.37）可得产量 q_1^{****} 和 q_2^{****}：

$$q_1^{****} = \frac{1}{3} \left[a - A + m + (2-k) \times x_1 + (2k-1) \times x_2 \right] \qquad (4.38)$$

$$q_1^{****} = \frac{1}{3} \left[a - A + m + (2-k) \times x_2 + (2k-1) \times x_1 \right] \qquad (4.39)$$

将式（4.38）和式（4.39）分别代入式（4.33）、式（4.34）中：

$$\pi_1^{****} = \frac{1}{9} \left[(a-A+m) + (2-k) \times x_1 + (2k-1) \times x_2 \right]^2 - rx_1^2 \qquad (4.40)$$

$$\pi_2^{****} = \frac{1}{9} \left[(a-A+m) + (2-k) \times x_2 + (2k-1) \times x_1 \right]^2 - rx_2^2 \qquad (4.41)$$

由式（4.40）、式（4.41）可以得到企业共同研发时所获得的利润：

$$\hat{\pi} = \sum_{i=1}^{2} \left\{ \frac{1}{9} \left[(a-A+m) + (2-k) \times x_i + (2k-1) \times x_j \right]^2 - rx_i^2 \right\}, \qquad i \neq j \quad (4.42)$$

假设 $x_1 = x_2 = \hat{x}$，并求得企业参与研发时在利润最大化原则下的最优研发投入和产量为

$$\hat{x} = \frac{(k+1)(a-A+m)}{9r - (k+1)^2} \qquad (4.43)$$

$$Q_4 = \frac{2}{3}(a-A+m) \times \left(\frac{9r}{9r - (k+1)^2} \right) \qquad (4.44)$$

4.4.5　政府干预行为的比较分析

1. 政府不干预企业建立联盟与政府只牵头行为的比较分析

根据前面的分析过程，我们可以清楚地了解到企业不管是参与合作还是非合作都以追求利益最大化为目标。对于政府来说，企业参与联盟之后取得的联盟成

果可以从企业生产的均衡产量来衡量。企业生产的均衡产量代表联盟标准的推广程度，产量越多表明企业的新技术或新产品越好。

现在我们来讨论政府不干预与政府只牵头两种行为下技术标准进行产业化后所生产产品的均衡产量对比情况，对式（4.8）和式（4.20）所得出的均衡产量进行比较：

$$Q_1 = \frac{6}{9r-2}(a-A)$$

与

$$Q_2 = \frac{6r}{9r-(k+1)^2}(a-A)$$

因为 $Q_1 > 0$，$Q_2 > 0$，所以 $r > \frac{4}{9}$。

$$Q_1 - Q_2 = 6(a-A)\frac{9r^2 - 11r + (k+1)^2}{\left[9r-(k+1)^2\right] \times (9r-2)} \tag{4.45}$$

由式（4.45）可以看出分母 $9r-(k+1)^2$ 和 $9r-2$ 都大于0，且 $0 < A < a$，则 $6(a-A)$ 大于0，所以只需要讨论 $E = 9r^2 - 11r + (k+1)^2$ 是否大于0。我们对函数 E 求 r 的偏导：

$$\frac{\partial E}{\partial r} = 18r - 11 \tag{4.46}$$

（1）当 $r \geq \frac{11}{18}$，$\frac{\partial E}{\partial r} \geq 0$ 时。

我们针对上面的情况进行讨论，因为 $\frac{\partial E}{\partial r} \geq 0$，所以函数 E 关于 r 单调递增，由此可得，在 r 取最小值的时候函数 E 的值最小，如果函数 E 的值大于0，则证明在政府牵头建立技术标准联盟的情况下促成技术标准的产业化所生产的产品均衡产量大于政府完全不干预企业且企业不结成联盟的情况由企业单独生产的产品均衡产量。因为 r 的范围为 $r > \frac{4}{9}$，现在我们取 r 的值为 $r = \frac{11}{18}$（最小值），将其代入 E 函数中可以求得函数的最小值：

$$E = -\left(\frac{33}{18}\right)^2 + (k+1)^2 \tag{4.47}$$

由式（4.47）可知，当 $k \geq \frac{15}{18}$ 的时候，函数 E 的值大于等于0，由此可得 $Q_1 - Q_2 \geq 0$，根据上面的证明过程可以知道，当 $k \geq \frac{15}{18}$ 时，政府干预技术标准联盟推广标准的行为要优于政府不干预企业且企业未建立联盟的时候。根据结论我们可以知道当企业之间的技术溢出大于 $\frac{15}{18}$，政府干预行为才有效。如果技术溢出小于 $\frac{15}{18}$，则企业完全没必要建立技术标准联盟，因为这种情况下所生产产品的产量还不如政府不干预的情况下企业未建立技术标准联盟的时候。

（2）当 $\frac{4}{9} < r < \frac{11}{18}$，$\frac{\partial E}{\partial r} < 0$ 时。

我们针对上面的情况进行讨论，因为 $\frac{\partial E}{\partial r} < 0$，所以函数 E 关于 r 单调递减，由此可得，在 r 取最大值的时候函数 E 的值最小，如果函数 E 的值大于0，则证明在政府牵头下建立技术标准联盟相比于政府完全不干预企业且企业不结成联盟的情况所生产的产品产量要更多一些。因为 r 的范围为 $\frac{4}{9} < r < \frac{11}{18}$，现在我们取 r 的值为 $r = \frac{11}{18}$（最大值），将其代入 E 函数中可以求得函数的最小值：

$$E = -\left(\frac{33}{18}\right)^2 + (k+1)^2 \qquad (4.48)$$

根据前面的讨论可以知道只有当 $k \geqslant \frac{15}{18}$ 的时候，政府干预技术标准联盟的行为才是有效的，并且在一定程度上促进技术标准的产业化及推广，否则，政府就不需要介入。由此可以得出以下性质。

性质4.1　当且仅当合作伙伴的知识溢出高于某一个临界值时（本节所设定的企业知识溢出效应 k 为 $\frac{15}{18}$），相对于政府不干预且企业不结盟的情况，政府实施牵头组建联盟更有利于技术标准的确立及推广。

2. 政府只牵头企业建立联盟与政府进行研发补贴行为的比较分析

根据前面的模型构建与分析，我们知道政府干预技术标准联盟活动是为了实现技术标准的产业化，但不同的介入方式对联盟活动的影响是不同的，因此，我们需要对不同的政府干预行为进行比较分析，并为政府策略选择提供理论支撑。对政府只牵头建立技术标准联盟与政府进行研发补贴这两种介入方式的比较是政府进行外部介入与政府进行内部介入的比较。

由式（4.20）和式（4.32）可以知道政府只牵头企业建立联盟实现技术标准化所获得的均衡产量 Q_2 和政府进行研发补贴之后实现技术标准化所获得的均衡产量 Q_3，分别为

$$Q_2 = \frac{6r}{9r-(k+1)^2}(a-A)$$

与

$$Q_3 = \frac{2}{3} \times \frac{9r \times (a-A) + 4.5s(k+1)}{9r-(k+1)^2}$$

对Q_2与Q_3进行比较，计算$Q_2 - Q_3$是否大于0：

$$Q_2 - Q_3 = -\frac{4.5s(k+1)}{9r-(k+1)^2} \qquad （4.49）$$

由于分母部分$9r-(k+1)^2$恒大于0，否则没有意义，又因为$0 \leqslant s \leqslant 1$且$0 \leqslant k \leqslant 1$，所以可得到恒有$Q_3 - Q_2 \geqslant 0$，表明政府通过研发补贴这种介入方式对技术标准化的影响要强于只牵头这种介入方式的技术标准化影响。于是可以得出性质4.2。

性质4.2 相对于政府只是牵头促进企业技术标准联盟的建立，政府采取研发补贴的这种方式更有助于促进技术标准的确立及推广。

3. 政府只牵头企业建立联盟与政府进行生产补贴行为的比较分析

对比分析政府只牵头企业建立联盟实现技术标准化生产的均衡产量和政府对技术标准化的生产进行补贴实现的生产的均衡产量，为政府采取介入方式的策略选择提供了理论基础。本小节根据式（4.20）、式（4.44）的产量Q_2和Q_4进行比较分析：

$$Q_2 = \frac{6r}{9r-(k+1)^2}(a-A)$$

与

$$Q_4 = \frac{2}{3}(a-A+m) \times \left(\frac{9r}{9r-(k+1)^2} \right)$$

对Q_2与Q_4进行比较，计算$Q_2 - Q_4$是否大于0：

$$Q_2 - Q_4 = -\frac{6rm}{9r-(k+1)^2} \qquad （4.50）$$

由于分母部分$9r-(k+1)^2$恒大于0，否则没意义，又因为$m > 0$且$r > \frac{4}{9}$，所以可得到$Q_2 - Q_4 < 0$，表明政府通过生产补贴这种介入方式对技术标准化的影响要强于只牵头这种介入方式的技术标准化影响。于是可以得出性质4.3。

性质4.3 相对于政府只是牵头促进企业技术标准联盟的建立，政府采取研发补贴的这种方式更有助于促进技术标准的确立及推广。

4. 政府进行研发补贴与政府进行生产补贴的比较分析

政府进行研发补贴与政府进行生产补贴这两种介入方式都是通过影响联盟内部活动来实现技术标准化及技术标准的推广的。对比研发补贴与生产补贴方式，讨论政府的策略选择。根据前文中得出的政府为实现技术标准化的生产进行研发补贴所得到均衡产量为 Q_3 和政府为实现技术标准化的生产进行生产补贴所得到均衡产量为 Q_4，根据式（4.32）和式（4.44）可知

$$Q_3 = \frac{2}{3} \times \frac{9r \times (a - A) + 4.5s(k+1)}{9r - (k+1)^2}$$

与

$$Q_4 = \frac{2}{3}(a - A + m) \times \left(\frac{9r}{9r - (k+1)^2} \right)$$

对 Q_3 与 Q_4 进行比较，计算 $Q_3 - Q_4$ 是否大于 0：

$$Q_3 - Q_4 = \frac{3s(k+1) - 6rm}{9r - (k+1)^2} \qquad (4.51)$$

由于分母恒大于 0，所以观察分子的大小。从式（4.51）可知，在政府研发补贴下所求得的均衡产量与在政府生产补贴下所求得的均衡产量受四个系数的影响，将包含政府行为的系数放在一起，关于企业的系数放在一起，对两者进行比较，可知政府做决策的时候需要考虑企业联盟活动中的 r 和 k 系数的影响及其他政府介入方式的有关行为的影响。具体取值还需要政府根据实际情况对相关系数进行实际考虑之后得出最优选择。于是可以得出性质 4.4。

性质4.4 当 $\frac{s}{m} \geq \frac{2r}{k+1}$ 的时候，相对于政府采用生产补贴的方式，政府采用研发补贴的方式要更有助于促进技术标准的确立及推广。

当 $\frac{m}{s} \geq \frac{k+1}{2r}$ 的时候，相对于政府采用研发补贴的方式，政府采用生产补贴的方式要更有助于促进技术标准的确立及推广。

4.4.6　结果与讨论

本章主要以政府不同的介入方式为研究对象，研究政府不同介入方式对企业建立的技术标准联盟的影响。本节具体讨论的问题是政府不同介入方式对联盟的技术标准的确立及推广的影响，分别针对政府不干预企业联盟且企业未结成联盟、政府只牵头促成企业技术标准联盟、政府对技术标准的产业化实行研发补贴和生产补贴这四种方式进行讨论，为政府在实践中选择采取介入方式的时候提供策略选择方向。根据以上分析，所得出的研究发现主要包括以下四个性质。

性质4.1　当且仅当合作伙伴的知识溢出高于某一个临界值时（本节所设定的企业知识溢出效应 k 为 $\dfrac{15}{18}$ ），相对于政府不干预且企业不结盟的情况，政府实施牵头组建联盟更有利于技术标准的确立及推广。

性质4.2　相对于政府只是牵头促进企业技术标准联盟的建立，政府采取研发补贴的这种方式更有助于促进技术标准的确立及推广。

性质4.3　相对于政府只是牵头促进企业技术标准联盟的建立，政府采取研发补贴的这种方式更有助于促进技术标准的确立及推广。

性质4.4　当 $\dfrac{s}{m} \geqslant \dfrac{2r}{k+1}$ 的时候，相对于政府采用生产补贴的方式，政府采用研发补贴的方式要更有助于促进技术标准的确立及推广。

当 $\dfrac{m}{s} \geqslant \dfrac{k+1}{2r}$ 的时候，相对于政府采用研发补贴的方式，政府采用生产补贴的方式要更有助于促进技术标准的确立及推广。

总之，政府在干预企业建立技术标准联盟的时候有助于解决企业间长期形成的恶性竞争，但对于是否对技术标准的产业化的推广有促进作用还需根据联盟企业间的技术溢出（知识共享）的程度来判断。如果联盟企业间技术溢出效应过低，其均衡产量还不如企业不加入联盟的时候，这时联盟是不成功的。因此政府在牵头引导企业组建联盟的时候还需要保证联盟企业间具有一定的知识共享，只有在这种情况下政府干预企业联盟的行为才是有效的，有助于提高技术标准的市场推广。政府在技术标准联盟中实施研发补贴和生产补贴的介入方式来促进技术标准的产业化，其效应要比政府只牵头组建联盟这种介入方式效果更好。同时还可以得出，政府采取深入联盟内部的介入方式比只在外部干预技术标准联盟成立的介入方式具有更强的技术标准化的推广能力，从而有助于企业技术创新并提升企业的竞争力。所以，要提高企业的技术创新能力和市场竞争力，政府有必要干预企业的技术标准联盟。在保证企业技术标准联盟的情况下，政府进一步介入联盟活动中，通过补贴等方式进一步推动技术标准的产业化及其推广。

4.5　本章小结

在研究脉络上，本章首先采用探索性多案例研究，在广东已经建立的100多家标准联盟组织中选择九个标准联盟作为案例研究的对象，在研究设计上遵循Eisenhardt和Robert K. Yin等学者的方法论。通过探索性案例分析我们得到了传统产业技术标准联盟的组织模式及政府行为，为地方传统产业制定标准化战略提供了一种方式，也为地方产业发展中存在的市场失灵提供了一种解决方法。本章的研究结论为后面我们探讨政府介入技术标准联盟的行为研究确定了研究问题和方向。随后，本章借助数理经济学建模方法，将传统产业中政府在技术标准联盟起着的重要作用提升到从政府角度出发讨论政府介入方式及其效应。本章认为中国特有的经济体制下，政府对企业技术标准联盟具有重要的影响，因此有必要讨论政府在不同的介入方式下对技术标准产业化的影响，从而为政府提供策略选择。通过建立博弈模型的方式来探讨政府介入方式的不同效应。首先针对每一种政府行为构建模型并求解其均衡产量；其次根据不同的政府介入方式讨论对比每一种政府介入方式对技术标准产业化的影响；最后得出结论为政府的策略选择提供参考依据。这些结论为中国实行标准化战略及提高企业的创新能力和市场竞争能力都有一定的参考意义。

在研究结果方面，主要研究发现可以概括为以下内容。

第一，通过案例研究方法研究传统产业技术标准联盟的组织模式是"政府+商会或行业协会+企业"的形式，并且发现一个明显的现象是政府在技术标准联盟的建立过程中扮演重要的角色。由案例可以知道，在技术标准联盟之前，行业市场形成了恶性竞争，市场混乱而无法自我修复，最后出现"市场失灵"的现象。为了解决上述问题，政府开始干预市场，并通过建立技术标准联盟的方式提高产品质量，提升企业竞争能力和行业内的影响力。

根据案例观察我们知道政府主要是在技术标准联盟建立之前起着牵头、引导、协调的作用，其参与的程度影响最大。换句话说就是政府通过建立技术标准联盟的方式介入市场就必然是企业无法自己主导形成联盟而需要政府介入，所以这一阶段政府参与的程度是最大的。而在联盟建立之后，联盟内的活动是确立技术标准和推广技术标准。由案例知道政府在标准的推广过程中也起着一定的作用，但是没有像牵头技术标准联盟建立这种政府的介入行为参与得多，主要采取政府手段，如政府采购、生产补贴等方式促进技术标准的产业化。而相比技术标准的推广阶段，在标准的制定过程中政府行为干预是最少的，由案例可知政府在这一阶段一般都是在政府协调好企业联盟内部关系之后交由企业自主研发。这一部分的研究结论为后面探讨政府介入技术标准联盟的行为提供理论意义上的支持并且为后面模型的建立提供了条件。

第二，通过建立博弈模型的方法求解不同政府介入方式下技术标准化产品的均衡产量及进行对比分析。理论研究结果表明，在中国当前情境下：①政府干预技术标准联盟的组建比不干预时更有助于企业结成事实联盟，并共同致力于产业技术标准的研制；②政府进一步对技术标准联盟实行生产补贴或者研发补贴政策，更有助于联盟标准的形成；③政府可以通过促进联盟内企业间的技术溢出（知识共享）水平来加速联盟标准的产业化，增强新技术的市场影响力，并最终成为产业共同遵守的唯一标准。

参考文献

毕勋磊. 2011. 政府干预技术标准竞争的研究述评 [J]. 中国科技论坛，（2）：10-14.

陈一君. 2004. 基于战略联盟的相互信任问题探讨 [J]. 科研管理，（5）：41-45.

陈宇科，孟卫东，邹艳. 2010. 竞争条件下纵向合作创新企业的联盟策略 [J]. 系统工程理论
　　与实践，（5）：857-864.

代义华，张平. 2005. 技术标准联盟基本问题的评述 [J]. 科技管理研究，25（1）：119-121.

邓洲. 2011. 国外技术标准研究综述 [J]. 科研管理，32（3）：67-76.

杜尚哲，加雷特，李东红. 2006. 战略联盟 [M]. 北京：中国人民大学出版社.

杜伟锦，韩文慧，周青. 2010. 技术标准联盟形成发展的障碍及对策分析 [J]. 科研管理，（5）：
　　96-101.

范波，孟卫东，马国旺. 2010. 基于投资溢出的研发联盟联盟政府补贴政策研究 [J]. 科技进
　　步与对策，27（16）：89-92.

冯永琴，张米尔，纪勇. 2013. 技术标准创立中的专利引用网络研究 [J]. 科研管理，34（7）：
　　71-77.

付启敏，刘伟. 2011. 供应链企业间合作创新的联合投资决策——基于技术不确定性的分析 [J]. 管
　　理工程学报，3：172-177.

高丽娜. 2011. 科技中介机构的异质性对区域创新能力的影响 [J]. 中国科技论坛，5：86-90.

高向飞，邹国庆. 2009. 制度化关系约束与企业创新选择 [J]. 经济管理，7：6-12.

桂黄宝. 2011. 合作创新战略联盟治理机制分析 [J]. 科技管理研究，16：18-21.

郭志刚. 1999. 社会统计分析方法——SPSS 软件的应用 [M]. 北京：中国人民大学出版社.

过聚荣，茅宁. 2005. 基于进入权理论的技术创新网络治理分析 [J]. 中国软科学，2：73-79.

衡虹，何丽峰. 2013. 政府在国家标准中的角色研究——以巴西数字电视标准之争为例 [J]. 拉
　　丁美洲研究，35（4）.

黄玉杰. 2009. 战略联盟中的非正式治理机制：信任和声誉 [J]. 河北经贸大学学报，30（4）：
　　35-41.

黄振辉. 2010. 多案例与单案例研究的差异与进路安排——理论探讨与实例分析 [J]. 管理案
　　例研究与评论，3（2）：183-188.

吉迎东，党兴华，弓志刚. 2014. 技术创新网络中知识共享行为机理研究——基于知识权力非
　　对称视角 [J]. 预测，3：8-14.

简兆权，招丽珠. 2010. 网络关系、信任与知识共享对技术创新绩效的影响研究 [J]. 研究与
　　发展管理，22（2）：64-71.

蒋春燕. 2008. 组织学习、社会资本与公司创业——江苏与广东新兴企业的实证研究 [J]. 管理科学学报, (6): 61-76.

李大平, 曾德明. 2006. 高新技术产业技术标准联盟治理结构和治理机制研究 [J]. 科技管理研究, (10): 78-104.

李东红. 2002. 企业联盟研发: 风险与防范 [J]. 中国软科学, 10: 47-50.

李力. 2014. 新兴产业技术标准联盟协同创新机制研究 [D]. 哈尔滨理工大学博士学位论文.

李玲. 2008. 网络嵌入型对知识有效获取的影响研究[J].科学学与科学技术管理,(12):97-100.

李天赋. 2013. 嵌入性对技术标准联盟竞争能力的影响 [D]. 重庆邮电大学硕士学位论文.

李薇. 2012. 中国制度环境下的技术标准战略及其联盟机制[J].华东经济管理,(10):111-116.

李薇. 2014. 技术标准联盟的本质: 基于对 R&D 联盟和专利联盟的辨析 [J]. 科研管理, 35 (10): 49-56.

李薇, 李天赋. 2013. 国内技术标准联盟组织模式研究——从政府介入视角 [J]. 科技进步与对策, 30 (8): 25-31.

李永周. 2009. 网络组织的知识流动结构与国家高新区集聚创新机理 [J]. 中国软科学, (5): 89-95.

李煜华, 柳朝, 胡瑶瑛. 2011. 基于博弈论的复杂产品系统技术创新联盟信任机制分析 [J]. 科技进步与对策, 28 (7): 5-8.

林润辉. 2004. 网络组织与企业高成长 [M]. 天津: 南开大学出版社.

刘大维. 1999. 结构方程模型在跨文化心理学研究中的应用[J]. 心理学动态, 17(1): 48-51.

刘丹, 闫长乐. 2013. 协同创新网络结构与机理研究 [J]. 管理世界, 12: 1-4.

刘辉, 白殿一, 刘瑾. 2013. 我国联盟标准化治理模式的理论与实证研究——基于政府的视角[J]. 工业技术经济, (9): 17-25.

刘兰剑. 2010. 网络嵌入性: 基本研究问题与框架 [J]. 科技进步与对策, (13): 153-160.

刘毅. 2004. 经济国际化进程中行业协会发展问题研究 [J]. 北京工商大学学报 (社会科学版) (5): 7-10.

刘益, 李垣, 杜旖丁. 2004. 战略联盟模式选择的分析框架: 资源、风险与结构模式间关系的概念模型 [J]. 管理工程学报, 18 (3): 33-37.

龙勇, 姜寿成. 2012. 基于知识创造和知识溢出的R&D联盟的动态模型 [J]. 管理工程学报, 26 (1): 35-39.

吕铁. 2005. 论技术标准化与产业标准战略 [J]. 中国工业经济, (7): 43-49.

马建华, 艾兴政, 唐小我. 2012. 多源不确定因素下两阶段动态供应链的风险绩效 [J]. 系统工程理论与实践, (6): 1222-1231.

马秋莎. 2007. 比较视角下中国合作主义的发展: 以经济社团为例 [J]. 清华大学学报 (哲学社会科学版), (2): 126-138.

欧阳桃花. 2004. 试论工商管理学科的案例研究方法 [J]. 南开管理评论, 7 (2): 100-105.

彭伟, 符正平. 2012. 联盟网络对企业创新绩效的影响——基于珠三角企业的实证研究 [J]. 科学学与科学技术管理, 33 (3): 108-114.

彭正银. 2001. 网络治理: 基于网络形态的治理理论 [R]. 中国经济学年会, 北京.

秦斌. 1998. 企业间的战略联盟: 理论与演变 [J]. 财经问题研究, 3: 9-14.

任声策, 宣国良. 2007. 技术标准中的企业专利战略: 一个案例分析 [J]. 科研管理, 28 (1): 53-59.

生延超. 2009. 创新投入补贴还是创新产品补贴: 技术联盟的政府策略选择 [J]. 中国管理科学, 16 (6): 184-192.

石晓平. 2005. 经济转型期的政府职能与土地市场发育 [J]. 公共管理学报, (1): 73-77.

苏敬勤, 林海芬, 李晓昂. 2013. 产品创新过程与管理创新关系探索性案例研究 [J]. 科研管理, 34 (1): 70-77.

孙秋碧, 任劼喆. 2013. 技术标准联盟治理中控制权的配置与决策 [J]. 东南学术, (5): 115-122.

孙耀吾. 2007. 基于技术标准的高技术企业技术创新网络研究 [D]. 湖南大学博士学位论文.

孙耀吾, 裴蓓. 2009. 企业技术标准联盟治理综述 [J]. 软科学, 23 (1): 65-69.

谭劲松, 林润辉. 2006. TD-SCDMA 与电信行业标准竞争的战略选择 [J]. 管理世界, (6): 71-84.

谭英双, 龙勇, 陈哲. 2011. 模糊环境下技术创新投资的期权博弈模型 [J]. 系统工程理论与实践, (11): 2095-2100.

王斌. 2009. 基于知识转移的战略联盟伙伴关系动态演化机理研究 [J]. 研究与发展管理, 21 (4): 84-90.

王方, 党兴华, 李玲. 2014. 核心领导企业风格与网络创新氛围的关联性研究——基于技术创新网络的分析 [J]. 科学学与科学技术管理, 2: 96-103.

王光远, 贺颖奇. 1997. 当代管理会计研究方法的新发展 [J]. 会计研究, 1: 22-27.

王勇. 2008. 基于博弈论的知识联盟合作创新研究 [D]. 大连理工大学硕士学位论文.

吴家喜, 吴贵生. 2007. 韩国成为 CDMA 领先市场的关键因素分析 [J]. 科学学与科学技术管理 (3): 116-119.

吴义华, 张琰飞. 2006. 技术标准联盟对技术标准确立与扩散的影响研究 [J]. 科学学与科学技术管理, 4 (3): 44-47.

向维国, 唐光明. 2004. GDP 与社会福利水平的衡量 [J]. 财经科学, (S1): 129-130.

谢永平, 党兴华, 毛雁征. 2012. 技术创新网络核心企业领导力与网络绩效研究 [J]. 预测, 31 (5): 21-27.

谢永平, 张浩淼, 孙永磊. 2014. 技术创新网络核心企业知识治理绩效影响因素研究 [J]. 研究与发展管理, 26 (6): 43-53.

徐涛. 2008. 高技术产业集群非正式网络治理机制研究 [J]. 中南财经政法大学学报, 4: 32-36.

严清清, 胡建绩. 2007. 技术标准联盟及其支撑理论研究 [J]. 研究与发展管理, (1): 100-104.

游明达. 2008. 嵌入性视角下的企业集成创新模式与动态决策模型研究 [J]. 统计与决策,（7）: 33-35.

曾楚宏, 林丹明. 2002. 信息经济新时代: 标准为王 [J]. 软科学, 16（4）: 41-43.

曾德明, 方放, 王道平. 2007a. 技术标准联盟的构建动因及模式研究 [J]. 科学管理研究, 25（1）: 37-40.

曾德明, 朱丹, 彭盾, 等. 2007b. 技术标准联盟成员的谈判与联盟治理结构研究 [J]. 中国软科学,（3）: 16-21.

曾方. 2003. 技术创新中的政府行为——理论框架和实证分析 [D]. 上海复旦大学博士学位论文.

张米尔, 姜福红. 2009. 创立标准的结盟行为及对自主标准的作用研究 [J]. 科学学研究,（4）: 529-534.

张米尔, 冯永琴. 2010. 私有协议: 技术标准的新形态及生成机制研究 [J]. 科研管理,（4）: 17-22.

张米尔, 国伟, 纪勇. 2013. 技术专利与技术标准相互作用的实证研究 [J]. 科研管理, 34（4）: 68-73.

张首魁, 党兴华. 2009. 耦合关系下的技术创新网络组织治理研究 [J]. 科学学与科学技术管理, 9: 58-62.

张书亭. 1992. 美国政府干预经济机制的演变 [J]. 历史教学（高校版）,（11）: 27-32.

张欣. 2015. 技术标准联盟治理综述 [J]. 经营管理者, 5: 168.

张旭. 2014. 政府和市场的关系: 一个经济学说史的考察 [J]. 理论学刊, 11: 54-62.

张运生, 张利飞. 2008. 高技术产业技术标准联盟治理模式分析 [J]. 科研管理, 28（6）: 93-97.

赵红梅, 王宏起. 2010. 社会网络视角下 R&D 联盟网络效应形成机理研究 [J]. 科学学与科学技术管理, 8: 22-27.

赵炎, 王琦. 2013. 联盟网络的小世界性对企业创新影响的实证研究——基于中国通信设备产业的分析 [J]. 中国软科学, 4: 108-116.

郑准, 王国顺. 2009. 外部网络结构、知识获取与企业国际化绩效: 基于广州制造企业的实证研究 [J]. 科学学研究, 8: 1206-1212.

周程. 2008. 日本官产学合作的技术创新联盟案例研究 [J]. 中国软科学,（2）: 48-57.

周寄中, 侯亮, 赵远亮. 2006. 技术标准、技术联盟和创新体系的关联分析 [J]. 管理评论, 18（3）: 30-34.

周杰. 2009. 战略联盟中的信任问题研究综述 [J]. 科研管理研究,（9）: 458-460.

周青, 韩文慧, 杜伟锦. 2011. 技术标准联盟伙伴关系与联盟绩效的关联研究 [J]. 科研管理, 32（8）: 1-8.

朱海就, 陆立军, 袁安府. 2004. 从企业网络看产业集群竞争力差异的原因——浙江和意大利产业集群的比较 [J]. 软科学, 18（1）: 53-56.

邹国庆,郑剑英,高向飞. 2010. 企业技术创新的关系嵌入与引致机制分析:一个制度视角[J]. 工业技术经济,（8）: 45-49.

Ahuja G. 2000. Collaboration networks, structural holes, and innovation: a longitudinal study[J]. Administrative Science Quarterly, 45（3）: 425-455.

Alan S, Kilgore A. 2004. Financial factors in R&D budget setting: the impact of interfunctional market coordination, strategic alliances, and the nature of competition [J]. Accounting and Finance,（44）: 123-138.

Anderson J C, Gerbing D W. 1988. Structure modeling in practice: a review and recommended two-step approach [J]. Psychol Bull, 103（3）: 411-423.

Andrevski G, Brass D J, Ferrier W J. 2013. Alliance portfolio configurations and competitive action Frequency [J]. Journal of Management, 8: 1-27.

Antonelli C. 2008. Pecuniary knowledge externalities: the convergence of directed technological change and the emergence of innovation systems[J]. Industrial and Corporate Change, 17(5): 1049-1070.

Aoki R, Nagaoka S. 2004. The consortium standard and patent pools[J]. The Economic Review, 55（4）: 345-356.

Aoki R, Nagaoka S. 2005. Coalition formation for a consortium standard through a standard body and a patent pool: theory and evidence from MPEG2, DVD and 3G [R]. Hitotsubashi University Institute of Innovation Research Working Paper WP, 05-01.

Axelrod R, Mitchell W, Thomas R E, et al. 1995. Coalition formation in standard-setting alliances[J]. Management Science, 41（9）: 1493-1508.

Baba J, Imai K I. 1989. Systemic Innovation and Cross-border Networks—Transcending Markets and Hierarchies to Create a New Techno-Economic System [M]. Paris: OCDE.

Baccara M. 2007. Outsourcing, information leakage, and consulting firms [J]. The Rand Journal of Economics, 38（1）: 269-289.

Barney J. 1991. Firm resources and sustained competitive advantage[J]. Journal of Management, 17（1）: 99-120.

Bengtsson M, Kock S. 2000. Coopetition in business networks-to cooperate and compete simultaneously [J]. Industry Marketing Management, 29: 411-426.

Bian Y. 1997. Bringing strong ties back in: indirect ties, network bridges, and job searches in China [J]. American Sociological Review, 6（62）: 366-385.

Blodgett L L. 1991. Partner contributions as predictors of equity share in international joint ventures [J]. Journal of International Business Studies, 22（1）: 63-78.

Brunsson N, Rasche A, Seidl D. 2012. The dynamics of standardisation: three perspectives on standards in organisation studies [J]. Organization Studies, 33（5～6）: 613-633.

Burt R S. 2009. Structural Holes: The Social Structure of Competition [M]. Boston: Harvard University Press.

Cassiman B, Veugelers R. 2002. R&D cooperation and spillovers: some empirical evidence from Belgium [J]. The American Economic Review, (4): 1169-1184.

Chen H, Chen T J. 2003. Governance structures in strategic alliances: transaction cost versus resource-based perspective [J]. Journal of World Business, 38: 1-14.

Chesbrough H W, Teece D J. 2002. Organizing for innovation: when is virtual virtuous [J]. Harvard Business Review, 80 (8): 127-135.

Chi T. 1994. Trading in strategic resources: necessary conditions, transaction cost problems, and choice of exchange structure [J]. Strategic Management Journal, 15: 271-290.

Choi T Y, Kim Y. 2008. Structural embeddedness and supplier management: a network perspective [J]. Journal of Supply Chain Management, 44 (4): 5-13.

Choi T Y, Wu Z. 2009a. Taking the leap from dyads to triads: buyer-supplier relationships in supply networks [J]. Journal of Purchasing and Supply Management, 15 (4): 263-266.

Choi T Y, Wu Z. 2009b. Triads in supply networks: theorizing buyer-supplier-supplier relationships [J]. Journal of Supply Chain Management, 45 (1): 8-25.

Clark J, Critharis M, Kunin S. 2000. Patent Pools: A Solution to the Problem of Access in Biotechnology Patents [M]. Washington DC: US Patent and Trademark Office.

Coase R H. 1937. The nature of the firm [J]. Economica, 4 (16): 386-405.

Das T K. 1998. Resource and risk management in the strategic alliance making process [J]. Journal of Management, 24: 21-42.

Das T K, Teng B S. 1999. Managing risks in strategic alliance [J]. The Academy of Management Executive, 13: 50-62.

Das T K, Teng B S. 2000. A resource-based theory of strategic alliances [J]. Journal of Management, 26: 31-61.

Das T K, Teng B S. 2001. A risk perception model of alliance structuring [J]. Journal of International Management, 7: 1-29.

Das T K, Teng B S. 2003. Partner analysis and alliance performance [J]. Scandinavian Journal of Management, 19 (3): 279-308.

D'Aspremont C, Jacquemin A. 1988. Cooperative and noncooperative R&D in duopoly with spillovers [J]. The American Economic Review, 78 (5): 1133-1137.

David P. 1985. CLIO and the economics of QWERTY [J]. American Economic Review, (75): 332-337.

David P, Greenstein S. 1990. Selected bibliography on the economics of compatibility standards and standardization [J]. Economics of Innovation and New Technology, 1: 3-41.

de Bondt R, Veugelers R. 1991. Strategic investment with spillovers[J]. Boston: European Journal of Political Economy, 7 (3): 345-366.

de Lacey B, Herman K, Kiron D, et al. 2006. Strategic behavior in standard-setting organizations [R]. Working Paper, Harvard Business School.

de Man A P, Duysters G. 2005. Collaboration and innovation: a review of the effects of mergers, acquisitions and alliances on innovation [J]. Technovation, 25 (12): 1377-1387.

Dew N, Read S. 2007. The more we get together: coordinating network externality product introduction in the RFID industry [J]. Technovation, 27 (10): 569-581.

Dittrich K. 2005. Nokia's strategic change by means of alliance networks: a case of adopting the open innovation paradigm[A] // Swarte G. Inspirerend Innoveren: Meerwaarde door Kennis[M].The Hague: KVIE.

Dittrich K. 2008. Nokia's strategic change by means of alliance networks. A case of adopting the open innovation paradigm [A] // Bahemia H, Squire B. Managing Open Innovation in New Product Development Projects [M]. London: Imperial College Press.

Dubois A, Gadde L E. 2002. The construction industry as a loosely coupled system: implications for productivity and innovation [J]. Construction Management and Economic, 20: 621-631.

Dussauge P, Garrette B, Mitchell W. 2000. Learning from competing partners: outcomes and durations of scale and link alliances in Europe, North America and Asia[J]. Strategic Management Journal, 21: 99-126.

Dussauge P, Garrette B, Mitchell W. 2004. Asymmetric performance: the market share impact of scale and link alliances in the global auto industry [J]. Strategic Management Journal, 25: 701-711.

Eisenhardt K M. 1989. Building theories from case study research [J]. Academy of Management Review, 14 (4): 532-550.

Eisenhardt K M. 1991. Better stories and better constructs: the case for rigor and comparative logic [J]. Academy of Management Review, 16 (3): 620-627.

Eisenhardt K M, Schoonhoven C B. 1996. Resource-based view of strategic alliance formation: strategic and social effects in entrepreneurial firms[J]. Organization Science, 7(2): 136-150.

Eisenhardt K M, Graebner M E. 2007. Theory building from cases: opportunities and challenges [J]. Academy of Management Journal, 50 (1): 25-32.

Farrell J, Gallini N T. 1988. Second-sourcing as a commitment: monopoly incentives to attract competition [J]. The Quarterly Journal of Economics, 103: 673-694.

Freeman C. 1991. Networks of innovators: a synthesis of research issues [J]. Research Policy, 20 (5): 499-514.

Funk J L，Methe D T．2001．Marke-and committee-based mechanisms in the creation and diffusion of global industry standards：the caes mobile communication［J］．Research Policy，30（4）：589-610

Gay B，Dousset B．2005．Innovation and network strucrual dynamics：study of the alliance network of a major sector of the biotechnology industry［J］．Research Policy，34（10）：1457-1475．

Gilbert R J．2004．Antitrust for patent pools：a century of policy evolution［J］．Stanford Technology Law Review，3：1-30．

Gilsing V，Nooteboom B．2008．Network embeddedness and the exploration of novel technologies：technological distance，betweenness centrality and density［J］．Research Rolicy，37（10）：1717-1731．

Glimstedt H．2001．Competitive dynamics of technological standardization：the case of third generation cellular communications［J］．Industry and Innovation，8（1）：49-78．

Gnyawall D R，Madhavan R．2001．Cooperative networks and competitive dynamics：a structural embeddedness perspective［J］．Academy of Management Review，26（3）：432-445．

Granovetter M．1985．Economic action and social structure：the problem of embeddedness［J］．American Journal of Sociology，91（3）：481-510．

Grassler F，Capria M A．2003．Patent pooling：uncorking a technology transfer bottleneck and creating value in the biomedical research field［J］．Journal of Commercial Biotechnology，9（2）：111-118．

Gudmundsson S V，Lechner C．2006．Multilateral airline alliances：balancing strategic constraints and opportunities［J］．Journal of Air Transport Management，12（3）：153-158．

Guidice R M，Vasudevan A，Duysters G．2003．From"me against you"to"us against them"：alliance formation based on inter-alliance rivalry［J］．Scandinavian Journal of Management，19（2）：135-152．

Gulati R，Singh H．1998．The architecture of cooperation：managing coordination uncertainty and interdependence in strategic alliances［J］．Administrative Science Quarterly，43（4）：781-814．

Hagedoorn J．2002．Inter-firm R&D partnerships：an overview of major trends and patterns since 1960［J］．Research policy，31（4）：477-492．

Hamel G．1991．Competition for competence and inter-partner learning within international strategic alliances［J］．Strategic Management Journal，12：83-103．

Hamel G，Prahalad C K．1994．Competing for the Future［M］．Boston：Harvard Business School Press．

Harland C M．1995．Networks and globalization：a review of research［R］．Warwick University Business School Research Paper，ESRC Grant，No：GRK53178．

He S W. 2006. Clusters, structural embeddedness, and knowledge: a structural embeddedness model of clusters [R]. Paper Presented at the DRUID-DIME Winter PhD Conference, Skoerping, Denmark.

Heimeriks K H, Duysters G. 2007. Alliance capability as a mediator between experience and alliance performance: an empirical investigation into the alliance capability development process [J]. Journal of Management Studies, 44（1）: 25-49.

Hemphill T A. 2005. Cooperative strategy and technology standard-setting: a study of US wireless telecommunications industry standards development [D]. Doctoral Dissertation, George Washington University.

Hennart J F. 1988. A transaction costs theory of equity joint ventures [J]. Strategic Management Journal, 9（4）: 361-374.

Hill C W L. 1997. Establishing a standard: competitive strategy and technological standards in winner-take-all industries [J]. The Academy of Management Executive, 11（2）: 7-25.

Hoang H, Rothaermel F T. 2005. The effect of general and partner-specific alliance experience on joint R&D project performance [J]. Academy of Management Journal, 48（2）: 332-345.

Hoetker G. 2006. Do modular products lead to modular organizations?. [J]. Strategic Management Journal, 27: 501-518.

Hoetker G, Mellewigt T. 2009. Choice and performance of governance mechanisms: matching alliance governance to asset type [J]. Strategic Management Journal, 30: 1025-1044.

Homburg C, Krohmer H, Cannon J P, et al. 2002. Customer satisfaction in transnational buyer-supplier relationships [J]. Journal of International Marketing, 10（4）: 1-29.

Jaffe A B. 1986. Technological opportunity and spillovers of R&D: evidence from firms' atents, profits and market value [J]. American Economic Review, 76（5）: 984-1001.

Jiang R J, Tao Q T, Santoro M D. 2010. Alliance portfolio diversity and firm performance [J]. Strategic Management Journal, 31（10）: 1136-1144.

Joel A C, Cowan R. 2010. Network-independent partner selection and the evolution of innovation network [J]. Management Science, 56（11）: 2094-2110.

Joshi A M, Nerkar A. 2011. When do strategic alliances inhibit innovation by firms? Evidence from patent pools in the global optical disc industry [J]. Strategic Management Journal, 32（11）: 1139-1160.

Kamien M I, Tauman Y. 1986. Fees versus royalties and the private value of a patent [J]. The Quarterly Journal of Economics, 101（3）: 471-491.

Kamien M I, Zang I. 2000. Meet me halfway: research joint ventures and absorptive capacity [J]. International Journal of Industrial Organization, 18（7）: 995-1012.

Karim S. 2006. Modularity in organizational structure：the reconfiguration of internally developed and acquired business units [J]. Strategic Management Journal, 27：799-823.

Kato A. 2004. Patent pool enhances market competition [J]. International Review of Law and Economics, 24（2）：255-268.

Katz M L, Shapiro C. 1985. Network externalities, competition, and compatibility[J]. The American Economic Review, 75（3）：424-440.

Keil T. 2002. De-facto standardization through alliances-lessons from Bluetooth[J]. Telecommunications Policy, 26（3）：205-213.

Kesavayuth D, Zikos V. 2012. Upstream and downstream horizontal R&D networks [J]. Economic Modelling, 29（3）：742-750.

Killing J. 1988. Understanding alliances：the role of task and organizational complexity[A] // Contractor F J, Lorange P, School W. Cooperative Strategies in International Business [C]. Lexington, MA：Lexington Books.

Kim C, Song J. 2007. Creating new technology through alliances：an empirical investigation of joint patents [J]. Technovation, 27：461-470.

Kim S H. 2004. Vertical structure and patent pools[J]. Review of Industrial Organization, 25（3）：231-250.

Kloyer M. 2011. Effective control rights in vertical R&D collaboration[J]. Managerial and Decision Economics, 32（7）：457-468.

Koschatzky K, Sternberg R. 2000. R&D cooperation in innovation systems-some lessons from the European regional innovation survey（ERIS）[J]. European Planning Studies,（8）：487-501.

Krishnan R, Martin X, Noorderhaven N G. 2006. When does trust matter to alliance performance [J]. Academy of Management Journal, 49（5）：894-917.

Lambe C J, Spekman R E. 1997. Alliances, external technology acquisition, and discontinuous technological change [J]. Journal of Product Innovation Management, 14（2）：102-116.

Lampe R, Moser P. 2012. Patent pools：licensing strategies in the absence of regulation[J]. Advances in Strategic Management, 29：69-86.

Langinier C. 2011. Patent pool formation and scope of patents [J]. Economic Inquiry, 49（4）：1070-1082.

Laure M, Dhersin C. 2005. Does trust matter for R&D cooperation? A game theoretic exampination [J]. Theory and Decision,（4）：143-180.

Lay W A. 1936. Experimental Pedagogy（1907）[M]. New York：Prentice-Hall I.

Layne-Farrar A, Lerner J. 2011. To join or not to join：examining patent pool participation and rent sharing rules [J]. International Journal of Industrial Organization, 29（2）：294-303.

Layne-Farrar A, Padilla J. 2010. Assessing the link between standard setting and market power [R]. SSRN, No. 1567026.

Leiponen A E. 2008. Competing through cooperation: the organization of standard setting in wireless telecommunications [J]. Management Science, 54 (11): 1904-1919.

Lemley M A. 2002. Intellectual property rights and standard setting organizations[J]. California Law Review, 90 (6): 1889-1980.

Lerner J, Strojwas M, Tirole J. 2007. The design of patent pools: the determinants of licensing rules[J]. The RAND Journal of Economics, 38 (3): 610-625.

Lévêque F, Ménière Y. 2011. Patent pool formation: timing matters [J]. Information Economics and Policy, 23 (3): 243-251.

Li L. 2002. Information sharing in a supply chain with horizontal competition [J]. Management Science, 48 (9): 1196-1212.

Lin C, Wu Y J, Chang C C, et al. 2012. The alliance innovation performance of R&D alliances—the absorptive capacity perspective [J]. Technovation, 32 (5): 282-292.

Lin W Y, Hau K T. 1995. Structural equation model equivalency and respecification(in China)[J]. Education Journal, 23 (1): 147-162.

Lyles M A, Reger R K. 1993. Managing for autonomy in joint ventures: a longitudinal study of upward influe-nce [J]. Journal of Management Studies, 30 (3): 383-404.

Mansfield E. 1985. How rapidly does new industrial technology leak out [J]. The Journal of Industrial Economics, 2: 217-223.

McEvily B, Marcus A. 2005. Embedded ties and the acquisition of competitive capabilities [J]. Strategic Management Journal, 26: 1033-1055.

Moran P. 2005. Structural vs. relational embeddedness: social capital and managerial performance [J]. Strategic Management Journal, 26: 1129-1151.

Mora-Valentin E M, Montoro-Sanchez A, Guerras-Martin L A. 2004. Determining factors in the success of R&D cooperative agreements between firms and research organizations[J]. Research Policy, 33 (1): 17-40.

Motohashi K. 2008. Growing R&D collaboration of Japanese firms and policy implications for reforming the national innovation system [J]. Asia Pacific Business Review, 14(3): 339-361.

Nooteboom B, Gilsing V, Duysters G, et al. 2006. Network embeddedness and the exploration of novel technologies: technological distance, betweenness centrality and density [R]. Paper presented at the DRUID Summer Conference, Copenhagen, Denmark.

Ostgaard T A, Birley S. 1996. New venture growth and personal networks [J]. The Journal of Product Innovation Management, 13 (6): 557-558.

Padula G, Dagnino G B. 2007. Untangling the rise of coopetition: the intrusion of competition in a cooperative game structure [J]. International Studies of Management and Organization, 37: 32-52.

Peng M. 2003. Institutional transactions and strategic choices [J]. Academy of Management Review, 28: 275-296.

Penrose E T. 1959. The Theory of the Growth of the Firm [M]. New York: Oxford University Press.

Peters R. 2011. One-blue: a blueprint for patent pools in high-tech [J]. Intellectual Asset Management, 9: 38-41.

Petersen K J, Handfield R B, Ragatz G L. 2005. Supplier integration into new product development: coordinating product, process and supply chain design[J]. Journal of operations management, 23 (3): 371-388.

Phelps C C. 2010. A longitudinal study of the influence of alliance network structure and composition on firm exploratory innovation [J]. Academy of Management Journal, 53 (4): 890-913.

Piaget J. 1965. The Moral Judgment of the Child (1932) [M]. New York: The Free.

Poddar S, Sinha U B. 2004. On patent licensing in spatial competition [J]. Economic Record, 80 (249): 208-218.

Polanyi K. 1944. The Great Transformation: The Political and Economic Origins of Our Time [M]. Boston: Beacon Press.

Ponds R, van Oort F, Frenken K. 2010. Innovation, spillovers and university-industry collaboration: an extended knowledge production function approach [J]. Journal of Economic Geography, 10 (2): 231-255.

Powell W, Koput K W, Smith-Doerr L. 1996. Interorganizational collaboration and the locus of innovation networks of learning in Biotechnology [J]. Administrative Science Quarterly, 41 (1): 116-145.

Quintana-Garcia C, Benavides-Velasco C A. 2004. Cooperation, competition, and innovative capability: a panel data of European dedicated biotechnology firms[J]. Technovation, 24(12): 927-938.

Rachelle C S. 2007. R&D Alliances and firm performance: the impact of technological diversity and alliance organization on innovation [J]. Academy of Management Journal, (2): 364-386.

Reich R, Mankin E D. 1986. Joint ventures with Japan give away our future [J]. Harvard Business Review, 64: 78-86.

Reuer J J, Arino A. 2007. Strategic alliance contracts: dimensions and determinants of contractual complexity [J]. Strategic Management Journal, 28: 313-330.

Ring P S, van de Ven A H. 1992. Structuring cooperative relationship between organizations[J]. Strategic Management Journal, 13: 483-498.

Robert A, Mitchell W, Thomas R E, et al. 1995. Coalition formation in standard-setting alliances [J]. Management Science, 41 (9): 1493-1508.

Rowley T, Behrens D, Krackhardt D. 2000. Redundant governance structures: an analysis of structural and relational embeddedness in the steel and semiconductor industries [J]. Strategic Management Journal, 21: 369-386.

Ryan K D, Oestreich D K. 1998. Driving Fear Out of the Workplace: Creating the High-Trust, High-Performance Organization [M]. Hoboken: Jossey-Bass.

Rysman M, Simcoe T. 2008. Patents and the performance of voluntary standard-setting organizations [J]. Management Science, 54 (11): 1920-1934.

Sakakibara M, Branstetter L. 1999. Do stronger patents induce more innovation? Evidence from the 1988 Japanese patent law reforms [R]. National Bureau of Economic Research.

Saloner G. 1990. Economic issues in computer interface standardization [J]. Economics of Innovation and New Technology, 1: 135-156.

Santoro M D, McGill J P. 2005. The effect of unvertainty and asset co-specialization on governance in biotechnology alliances [J]. Strategic Management Journal, 26: 1261-1269.

Schilling M A. 2002. Technology success and failure in winner-take-all markets: the impact of learning organization, timing, and network externalities [J]. Academy of Management Journal, 45 (2): 387-398.

Shapiro C. 2001. Navigating the Patent Thicket: Cross Licenses, Patent Pools, and Standard Setting [M]. Boston: MIT press.

Shapiro C. 2010. Injunctions, hold-up, and patent royalties [J]. American Law and Economics Review, 12 (2): 509-557.

Shapiro C, Varian H R. 1999. The art of standards wars [J]. California Management Review, (18): 8-32.

Shapiro C, Lemley M. 2007. Patent holdup and royalty stacking [J]. Texas Law Review, 85: 1991-2015.

Shin H, Collier D A, Wilson D D. 2000 Supply management orientation and supplier/buyer performance [J]. Journal of Operations Management, 18 (3): 317-333.

Shy O. 2011. A short survey of network economics [J]. Review of Industrial Organization, 38 (2): 119-149.

Song M, Parry M E, Kawakami T. 2009. Incorporating network externalities into the technology acceptance model [J]. Journal of Product Innovation Management, 26 (3): 291-307.

Tyler B B, Steensma H K. 1995. Evaluating technological collaborative opportunities: a cognitive modeling perspective [J]. Strategic Management Journal, 16 (1): 43-70.

Uhlenbruck K, Meyer K, Hitt M. 2003. Organizational transformation in transition economies: resource-based and organizational learning perspectives [J]. Journal of Management Studies, 40: 257-282.

Uzzi B. 1996. The souces and consequences of embededness for the economic performance of organizations: the network effect [J]. American Sociological Review, 61 (4): 674-698.

Uzzi B. 1997. Social structure and competition in interfirm networks: the paradox of embeddedness [J]. Administrative Science Quarterly, 42 (1): 35-67.

van der Aa W, Elfring T. 2002. Realizing innovation in services [J]. Scandinavian Journal of Management, 2: 155-171.

Verdin P, Williamson P. 1994. Core competence, competitive advantage and market analysis: forging the links [A] // Hamel G, Heene A. Competence Based Competition, SMS Series in Strategic Management [M]. Hoboken : John Wiley & Sons.

Veugelers R. 1998. Collaboration in R&D: an assessment of theoretical and empirical findings[J]. De Economist, 146 (3): 419-443.

Waller W. 1932. The Sociology of Teaching [M]. Hoboken: John Wiley&Sons Inc.

Wang H X. 2002. Fee versus royalty licensing in a differentiated cournot duopoly [J]. Journal of Economics and Business, 54 (2): 253-266.

Wassmer U. 2010. Alliance portfolios: a review and research agenda[J]. Journal of Management, 36 (1): 141-171.

Wernerfelt B. 1984. A resource-based view of the firm[J]. Strategic Management Journal, 5(2): 171-180.

Wesley M, Cohen S. 1996. Firm size and the nature of innovation within industries: the case of process and product R and D [J]. The Review of Economics and Statistics, (5): 232-243.

Williamson O E. 1975. Markets and Hierarchies: Analysis and Antitrust Implications [M]. New York: Free Press.

Williamson O E. 1985. The Economic Intstitutions of Capitalism [M]. New York: Simon and Schuster.

Winn J K. 2008. Globalization and standards: the logic of two-level games[J]. Law and Policy for the Information Society, 5: 185-218.

Wu Z, Choi T Y, Rungtusanatham M J. 2010. Supplier-supplier relationships in buyer-supplier-supplier triads: implications for supplier performance[J]. Journal of Operations Management, 28 (2): 115-123.

Yin R K. 1994. Case study research: design and methods second edition[J]. Applied Social Research Methods Series, 5.

Yoshino M Y, Rangan U S. 1995. Strategic Alliances: An Entrepreneurial Approach to Globalization [M]. Boston: Harvard Business School Press.

Zaheer A, Bell G G. 2005. Benefiting from network position: firm capabilities, structural holes and performance [J]. Strategic Management Journal, 26 (9): 809-825.

Zeppini P, van den Bergh J C J M. 2011. Competing recombinant technologies for environmental innovation: extending arthur's model of lock-in [J]. Industry and Innovation, 18(3): 317-334.

Zhang H. 2002. Vertical information exchange in a supply chain with duopoly retailers[J]. Production and Operations Management, 11 (4): 531-546.

Zhang J, Baden-Fuller C, Mangematin V. 2007. Technological knowledge base, R&D organization structure and alliance formation: evidence from the biopharmaceutical industry [J]. Research policy, 36 (4): 515-528.

Zhang N. 2006. Inter-firm assets pooling in technology generation and transfer[D]. Doctoral Dissertation, Michigan State University.

Zineldin M. 2004. Co-opetition: the organization of the future [J]. Marketing Intelligence & Planning, 22: 780-789.